専門家がやさしく教える

幸せなうさぎとの暮らし方

入交眞巳＋斉藤将之＋
橋爪宏幸＋川﨑浄教 著

ナツメ社

うさ知識

近年、ペットとして人気が高まっているウサギ。
でも、ウサギがどんな動物なのかは意外と知られていません。
「寂しいと死ぬ」は嘘？ など
ウサギの生態や特徴について、簡単に紹介します。

明け方と夕方に動きが活発になる！

睡眠時間は1日8時間程度を細切れに眠るよ

骨はとっても繊細 骨は体重のわずか8％

体温は38〜40度

光の感度は人間の約8倍

約360度の視野

鳴き声は
なし
ときどき、
鼻やのどを鳴らすよ
耳には
温度調整機能も
暑さに弱く、
寒さに強い
全ての歯が
一生
伸び続けるよ
適正気温は
15〜26度
大きな耳は
音が集まりやすい形

日本では ネザーランドドワーフとホーランドロップが 2大人気

右向け──右っ!

僕たち人気者

ホーランドロップ

ネザーランドドワーフ

ネザーの方が
小さめ
左向け──左っ!

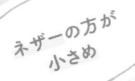

「ウサギは一緒に暮らしやすい」という ウサギ飼い主さんの声が多い!

ウサギの飼育にかかる費用の目安

初期費用
約15,000～30,000円
エサ代
約3,000～6,000円/月

主食は牧草とペレット

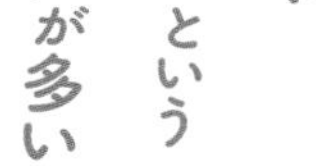

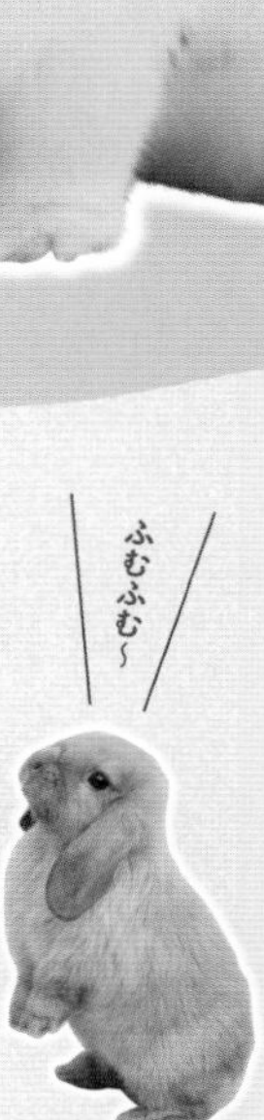

6歳を超えるとシニアウサギの仲間入り

平均寿命は約8年

「寂しくて死ぬ」は誤解だよ!

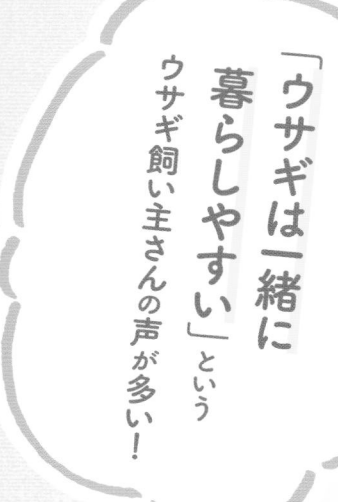

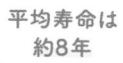

ウサギの環境エンリッチメント

～人と暮らすウサギの幸せを考える～

生き物の行動は「環境」で作られる

環境エンリッチメントのスタートは1990年代、アメリカの動物園でした。動物をコンクリート打ちっぱなしの狭いケージで飼育する従来の展示方法は、野生にほど遠い環境です。同じ場所を徘徊し続けるライオン、体を左右に揺らし続けるゾウなど、劣悪な環境で飼育された動物の不自然な行動は、こうした**不適切な環境に置かれたストレスからくるもの**と考えられました。

動物園は心身ともに健康でイキイキと暮らす動物の姿を見せるため、飼育環境の整備に力を入れ始めました。それまでも、動物に関わる人たちは彼らが快適に暮らせる環境作りに取り組んできましたが、**社会に「動物福祉」の考え方が浸透**したことで、「**人間と暮らす動物の幸せ**」について一般の人にも注目され始め「**環境エンリッチメント」という大きなムーブメント**に発展したのです。

90年代後半になるとこのムーブメントは日本にも伝わり、北海道の旭川市旭山動物園の取り組みは大きな話題となりました。現在も多くの動物園や水族館で、環境エンリッチメントを実践した動物本来の行動を促進する豊かな飼育環境の実現に向けて、さまざまな取り組みが続いています。

環境エンリッチメントは
動物園の動物だけでなく
家庭で暮らす動物にも必要です

近年、家族の一員としてペットを迎えるケースが増えています。
「コンパニオン・アニマル」(伴侶動物)という呼び名が示すように、飼い主さんとペットとの関係は、飼育という次元を超えた、より深いものに進みつつあるように感じます。

家族の一員だからこそペットにも環境エンリッチメントを

かけがえのない家族だからこそ、「ともに生きる」という視点で飼育環境を整えることは自然なことです。癒しやよろこびをもたらしてくれるペットのウサギたちに、私たちは何ができるでしょうか。

野生とかけ離れた環境で暮らしていても、ウサギらしく振る舞い、幸せに過ごしてほしいと願うとき、ウサギの福祉と環境エンリッチメントの視点がカギになります

ウサギの環境エンリッチメントの例

複数飼育・多頭飼育

自然界のウサギは群れで暮らしています。コミュニケーションを取り合うという本来の行動パターンを引き出すためには、複数の個体を一緒に飼育することが推奨されています。

しかし、日本の住宅事情では、狭い空間に1頭ずつケージに入れて飼育しなければなりません。自然界のように自由に交流できるわけではありませんが、ほかのウサギが視界に入るだけでも落ち着いたり、刺激になったり、ストレスが緩和されたりするという意見もあります。

ただし、気をつけなければならない点がいくつかあるため、安易なスタートはおすすめできません。1頭を迎えて余裕がある場合には、検討したいエンリッチメントです。

気をつけたいポイント

相性の問題
多頭飼育には相性の問題があり、ストレス過多になるケースもあります。ケージを離して飼育できる環境を準備することも求められます。

望まない繁殖に注意
ウサギは繁殖能力にすぐれた動物です。計画性のない飼育は望まない繁殖につながるケースもあるので、注意が必要。

ウサギの「幸せ」
～動物の福祉を考える～

環境エンリッチメントは取り入れて終わりではありません。**それが本当に意味あるものになっているのか測る必要**があります。

とはいえ、ウサギに「今、幸せですか？」と尋ねても答えてはくれません。評価するには「**動物の福祉の5つの自由**」を参考にします。

評価の基本はウサギの行動をじっと観察すること。ストレスサインが見られるのは論外ですが、退屈で座り込み、ぼーっとしているだけというのも望ましくありません。活発にイキイキと行動できているかどうかが、健康のバロメーターです。

日頃からウサギをよく観察している飼い主さんが「**今、こう思っているのかな」と思いを巡らせ、適切な環境を与える工夫をすることが動物福祉の実践であり、その子ならではの環境エンリッチメント**につながると考えます。

動物の福祉の5つの自由

1. ちゃんと食べて飲むことができるか
2. 痛みや病気はないか
3. 不快な思いをしていないか
4. 恐怖や抑圧はないか
5. 動物本来の行動ができているか、その動物のニーズを満たしているか

※「5つの自由」は1960年代のイギリスで、家畜の福祉を確保するために定められました。現在も、人間の飼育下にあるあらゆる動物の福祉の基本として認められています。

おもちゃを与える

動物の遊びは主に次の3つに分けられます。単独で体を動かす「運動遊び」、物を使って遊ぶ「物体遊び」、ほかの個体と遊ぶ「社会的遊び」です。ウサギによく見られるのは「運動遊び」ですが、部屋んぽの時間をのぞけば思い切り動き回れる機会は少ないもの。そこで、「物体遊び」を引き出せるおもちゃを与えると、退屈の緩和になります。

取り入れやすいのは「かじれる」おもちゃ

おもちゃにはさまざまな種類がありますが、環境エンリッチメントの実践では本能的な行動であり、歯を削る効果もある「かじる」行動を引き出せるおもちゃがよく与えられます。

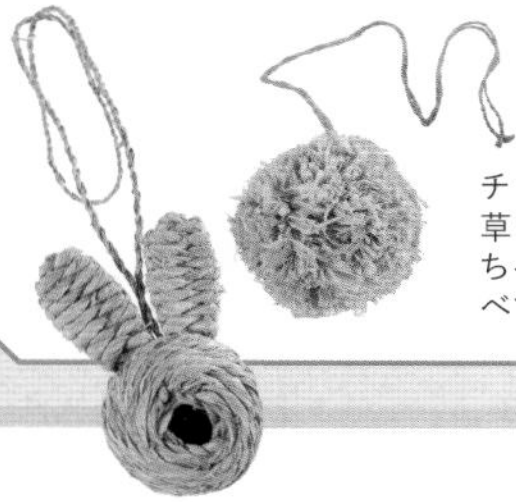

チモシーという牧草で作られたおもちゃは、かじって食べても安心。

ただし 気をつけたいのが
環境エンリッチメントを
取り入れた環境は
従来の飼育環境に比べると
本質的に危険で
時に思わぬ事故を招く
可能性もあるということです
注意
じ、事故…？
たとえば
ウサギは高いところが好きです
キョロ
キョロ
敵はいないか!?
うさぎの習性。
よいしょ
よいしょ
ケージにハウスを入れると
多くのウサギはその「上」に登りたがります
ウサギの心の充足を考えたとき、
自由に登れる高い場所を設けて
あげることは環境エンリッチメントです
しかし、同時に転落による
骨折リスクを生むことにもなります
さいこう〜!
高い〜!
お〜!
環境エンリッチメント。
アッ!!
骨折のリスク。
事故が起こってしまったとき
実際に苦しむのはウサギです
痛いよ〜ッ
ごめんね
基本的には ウサギの身体の安全を
優先するのが飼い主さんの義務でしょう
ナルホド…

だからといって
危険だと全てのおもちゃを取り上げて
平坦なケージに押し込めたら
精神的に不健康になってしまいます
この場合
環境エンリッチメントの視点からすると
「安全に楽しめる高い場所」を
提供するのがよいでしょう
環境エンリッチメントで大切なのは
状況に応じたベストを「選ぶ」視点です
A Good
B Better
C ← BEST!
う〜ん…
「これをすればウサギが100%幸せ」
という正解はありません
「うちの子」が一番輝く
環境を用意できるのは
飼い主さんだけです！
ピカーー!!
私だけ…
人とともに生きるウサギたちが
健康で幸せに暮らせることを願って！
臨床獣医学・動物行動学・栄養学の視点から
ウサギと人間が幸せになれる
飼育方法を解説していきましょう
ぴょ〜ん
お〜

はじめに

ふわふわの毛並みに、まるっとした輪郭、大きな耳に、くりくりの目……。
思わず頬がゆるんでしまう愛らしい姿は多くの人の心をつかみ、ウサギは犬や猫に続く人気のペットになりました。
ひとり暮らしからファミリーまで幅広い層で飼われ、家族の一員として迎えられています。

ウサギ人気が高まる一方で、正しい飼い方はあまり知られていないのが実情です。中には「ウサギは2〜3年しか生きない」と思っている人も多く、飼育方法以前にウサギという生き物についても、実はあまり広く知られていないのかもしれません。

そこで、私たちは初めてウサギを飼う人にもわかりやすい、新しいウサギの飼育方法をまとめました。

本書では、ウサギの幸せな暮らしを実現するために、これまでの獣医学的な視点に加えて、「ウサギの栄養学」と「動物行動学」の視点を新たに取り入れています。各分野の専門家の最新の知識と経験が詰まった、ウサギを幸せに長生きさせるための飼育法を紹介しています。

また、飼育法を考えるうえで元となる、ウサギの身体能力や感覚、行動、消化器のしくみなども、イラストや写真を交えて、わかりやすく解説しています。
「だからこの方法がいいんだ！」と、飼い主さんも納得することで、安心してウサギを育てていただくことができるでしょう。

私たちは人と暮らすウサギが幸せな一生を過ごせるように、日々活動を行っております。
本書を通じて、飼い主の皆さまがウサギの魅力や特性について深く理解していただき、日々の生活をより豊かに過ごすお手伝いができれば、これ以上のよろこびはありません。

皆さまとウサギが、すばらしい時間をともに過ごせるように願っております。
そして、本書がその頼れるガイドブックになれれば幸いです。

入交眞巳　斉藤将之　橋爪宏幸　川﨑浄教

contents

PART 1 ウサギってこんな生きもの

ウサギの分類と品種

ウサギの一生

ウサギの体のしくみ

ウサギの行動と気持ち

ウサギの飼育レポート

PART 2 ウサギをお迎えする

PART 3 日々のお世話

PART 4
ウサギと暮らす

PART
5
健康管理とケア

ウサギの健康チェック

体のチェックとケア

ウサギの病気と予防法

避妊・去勢手術

交尾・妊娠・出産

シニアウサギのお世話

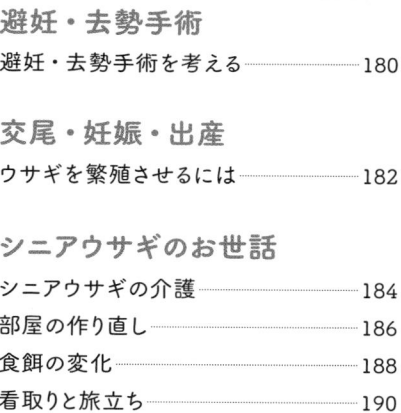

一般社団法人
うさぎの環境エンリッチメント協会

　ペットとしてのウサギ人気が高まり、多くの方がウサギと暮らすようになりましたが、協会発足当初、一般の飼い主の方が得られる情報は、ウサギを心身ともに健康に長生きさせるためには、まだまだ不十分なものでした。
一般の飼い主の方がウサギについて知ろうとしても、かかりつけの獣医師やペットショップなど、限られた人からの情報しかなく、最新の研究などといった情報はほとんど得ることができなかったのです。
これは、飼い主さんと研究分野の専門家との接点がほとんどなく、一般に知られた飼育方法が古い情報であるという認識がなかったこと、そして専門家サイドは一般の方に向けた情報発信をしてこなかったことに起因していました。

　そこで、一般の飼い主の方に向けて、これまでの臨床獣医学からの情報に加え、動物行動学、動物栄養学、動物福祉学の各分野に蓄積されてきた有益な情報を届けることを大きな目的に、2019年に「うさぎの環境エンリッチメント協会」は発足しました。
私たちは、ウサギが幸せに暮らせる環境作りを通して、ウサギの生活の質（Quality Of Life）の向上を目指しています。

　現在の主な活動は、インターネットを中心に人と暮らすウサギがどうすればより幸せに暮らせるのか、そのための環境作りに役立つ情報を発信することです。
　今後も、どのようにすればよりウサギと私たちが幸せに暮らすことができるのかを、希求していきます。

※本書では「カイウサギ」および「アナウサギ」を「ウサギ」と表記しています。
書名では親しみを込めて「うさぎ」と表記しています。

うさぎの環境エンリッチメント協会
webサイト

PART 1

ウサギってこんな生きもの

まずは、ウサギがどのような動物なのか知りましょう。
ウサギの生態や体の機能、
人間との歴史やその種類、動物行動学の視点から見る
ウサギのしぐさなどについて紹介します。

ウサギの分類と品種

ウサギの生物としての分類

リスやハムスターの仲間だった？

「ウサギ」と聞いてどんな様子を思い浮かべますか。長い耳、ふわふわの毛、もぐもぐ動く口元、草を食む特徴的な歯……そう、ウサギの歯はハムスターなどと同じで、一生伸び続けるという特徴があります。そのため、**かつてはネズミと同じ仲間である「げっ歯目」**（**ネズミ目**）に分類されていました。しかし、歯の形状が異なることから、**現在は独立した「重《じゅう》歯《し》目《もく》」**（**ウサギ目**）に分類されています。

ペットのウサギは「アナウサギ」

さらに、ウサギ目は「ウサギ科」と「ナキウサギ科」の2つに分けられます。現在ペットとして流通しているのは、「ウサギ科」に分類される11種の中の「**アナウサギ属**」にあたるウサギです。昔、小学校や農家で飼育されていた、目は赤く体が真っ白なウサギはというと、ジャパニーズホワイト（日本白色種）という品種です。体重は4.5kgほどと大型のウサギといえます。江戸時代にすでに飼われていたウサギと明治時代に輸入されたニュージーランド・ホワイト種を交配し、改良して生み出されました。

ウサギの Q&A

Q 「鳥獣戯画」はアナウサギ？

「ノウサギです！」

日本神話の『古事記』に登場する「因幡の白兎」や平安～鎌倉時代に描かれた墨絵『鳥獣戯画』に登場するウサギは、ノウサギ属に分類されるニホンノウサギと考えられています。

ウサギの学術上の分類

哺乳綱《ほにゅうこう》　ウサギ目《もく》　ウサギ科

- ウサギ目
  - ウサギ科
    - アカウサギ属
    - **アナウサギ属** → 主な飼いウサギ
    - アマミノクロウサギ属
    - アラゲウサギ属
    - ウガンダクサウサギ属
    - スマトラウサギ属
    - ノウサギ属
    - ピグミーウサギ属
    - ブッシュマンウサギ属
    - メキシコウサギ属
    - ワタオウサギ属
  - ナキウサギ科 — ナキウサギ属

英語の「Rabbit」は「アナウサギ」を意味します！

ナキウサギは
ハムスターのような見た目。

日本に暮らすノウサギたち

日本にも在来種のウサギが暮らしています。本州、四国、九州にはウサギ科のノウサギ、北海道にはナキウサギ科のエゾナキウサギとウサギ科のエゾユキウサギ、奄美大島にはウサギ科のアマミノクロウサギが住んでいます。

固有種の「ニホンノウサギ」は世界のノウサギに比べるとやや小柄。普段は単独で暮らし、決まった巣は作らず、アナウサギに比べ行動範囲が広いのが特徴です。

北海道に生息するエゾユキウサギは、冬になると真っ白な毛になる。とても動きが素早く、警戒心が強い。

奄美大島と徳之島にのみ生息するアマミノクロウサギ。絶滅危惧種であり、日本の特別天然記念物。原告がウサギの裁判でも有名。

ウサギと人間の長い歴史

飼いウサギのルーツはヨーロッパ

現在、私たちがペットとして一緒に暮らすウサギ、通称・飼いウサギの歴史を辿ってみましょう。

飼いウサギのご先祖さまであるアナウサギは、かつてヨーロッパのイベリア半島からアフリカ北西部にかけて生息していました。ずんぐりと丸い体が特徴的な**「ヨーロッパアナウサギ」が原種**と考えられています。

人がウサギを飼い始めたのは、紀元前のローマ帝国時代といわれ、その歴史の長さに驚きます。しかし、当時は愛玩用ではなく、良質な肉を得るための食糧として飼育されていました。中世の始めには修道院でよりよい肉を得るために品種改良が重ねられ、その後、毛皮をとることを目的とした飼育が始まります。

16世紀頃になると、貴族たちの間で狩りが流行り、その獲物としてウサギを追いました。その頃から、貴婦人たちに愛玩用として目を向けられるようになり、**18世紀に入るとペット用のウサギが登場**します。

日本に初めてアナウサギがやってきたのは、16世紀、室町時代といわれています。江戸時代から一部では、現代のようにペットとして扱われていましたが、一般に広く広まったのは戦後になってからのことです。

「アナウサギ」が「飼いウサギ」になれた理由

ノウサギとアナウサギは似ているようで全く違います。特定の巣を持たずに単独で暮らし、野山をかけまわる活動的なノウサギに対して、アナウサギは集団で暮らし、地下に巣穴を作ってその周辺しか移動しません。同じ巣穴で過ごすことで子どもたちを守り、生存の可能性を高めていると考えられています。

現在、**ウサギと人間が一緒に暮らすことができるのは、この共同生活の習性が残っているおかげ**なのです。ウサギと上手に暮らすには、この「アナウサギ」の特徴を知っておくことがとても大切といえるでしょう。

野生のアナウサギたち。

ウサギの品種とカラー

ウサギの毛は何色?

ウサギと一口にいっても、非常に多くの品種があります。体の大きさや毛の長さ、個性的な耳の形などに特徴があり、世界には150種類を超える品種がいるといわれています。中でも、アメリカのブリーディング団体ARBA（アメリカン・ラビット・ブリーダーズ・アソシエーション）では約50種類の品種を公認しています。品種については、次の24ページからご紹介しましょう。

各品種の中にも、さまざまな色のウサギがいます。日本で販売されているウサギの多くは、ARBAが認定している公認種ですが、ARBA以外にも協会は存在し、ARBA公認種以外のウサギやミックスも存在します。

ウサギのカラーグループ

ARBAではカラーのことを「バラエティ」とも呼び、カラーグループを定めています。その中の一部をご紹介します。

セルフ

体、頭、耳、足、しっぽの全身が同じ色。

シェイデット

濃い色から薄い色へ変化する、グラデーションがあるカラー。

アグーチ

1本の毛の中に3色以上の色が含まれている。

タンパターン

耳の後ろ、あごの下、目の周りなどに差し色がある。

ブロークン

白をベースに、公認色がまだら模様に入っている。

ワイドバンド

一見1色に見えるが、目や鼻、耳やおなか周りが白く（薄く）なっている。

ウサギのQ&A

Q ARBAって何?

「アメリカのウサギ協会です」

ARBA（American Rabbit Breeders Association）は、アメリカのウサギブリーディング団体であり、世界最大規模のウサギの協会です。ウサギを正しく理解し、繁殖、飼育するための啓蒙活動や、ラビットショー、血統書の管理などを行っています。

Netherland Dwarf

ネザーランドドワーフ

ピンと立った耳と、丸くて小さなフォルムが
特徴のネザーランドドワーフ。

小さくてかわいい人気者

ピンと立った短い耳と丸い顔立ち、くりっとした大きな目がかわいい**超小型ウサギ**。ぬいぐるみのような愛らしい姿で、カラーバリエーションも豊富。とても人気があり、ペットショップで出会える機会の多い代表的なウサギです。

野生みが残る、臆病で警戒心が強い性格なので、**慣れるまで時間がかかることがあります**。お迎えしたらゆっくりと仲良くなることを心がけましょう。人に慣れると甘えん坊でよくなつき、好奇心旺盛な傾向にあるといわれます。**活発に動き回るのも特徴**のため、ケガには十分に注意したいものです。

大人になっても1kg ほどにしか成長しないため、飼育スペースも取らず、一人暮らしや賃貸でも育てやすいといわれています。

Rabbit Data

原産国：オランダ
体　重：約1,200g
特　徴：小さい、丸い、立ち耳
名前の意味：オランダのドワーフ（小人）

『ピーター・ラビット』に似ているといわれますが、モデルになったのは別の種だといわれています。

Netherland Dwarf

ネザーランドドワーフ

カラーバリエーション

オレンジ

明るいオレンジ色で、目の周り、顎下、おなか、しっぽなどに白い毛が。

オパール

青みがかった毛並みが美しいオパール。ブルーとフォーン（薄いオレンジ）という2色が混ざり合っている。

リンクス

薄いオレンジ色のようなクリーム色の毛が特徴。フォーン（薄いオレンジ）とライラックが混ざっている。

ブラックオター

体はブラック。差し色で入る、白や茶色が魅力的。

フロスティ

真っ白のウサギらしい毛並み。鼻先や耳などに濃い色が入る。

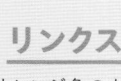

Holland Lop
ホーランドロップ

大きな耳とふわふわのずんぐりした体型が、
なんともかわいらしいホーランドロップ。

たれ耳と丸いお顔が愛らしいロップ

2kg ほどの**小型のたれ耳ウサギ**、「ロップ種」の中でも、もっとも小柄なのがホーランドロップ。丸くて大きな輪郭と、ぺしゃんとつぶれたような愛嬌のある顔がなんとも愛らしいウサギです。**ずんぐりとした体型で手足も太く短め**。頭の上にふわっとしたカチューシャのような飾り毛があり、この部分を「クラウン」と呼びます。

好奇心旺盛で愛嬌たっぷりなホーランドロップは人になつきやすく、子どもとも仲良くなりやすいといわれています。寂しがりやな一面もあり、飼い主さんの後を追いかけてくるような子も。

たれ耳のため中に湿気がたまりやすく、耳のトラブルにかかりやすい傾向があります。一緒に暮らすときは気をつけてあげましょう。

大きなたれ耳が特徴的。
耳の大きさや形にも個体差がある。

Rabbit Data

原産国：オランダ
体　重：約1,800g
特　徴：小さい、たれ耳、丸顔
名前の意味：オランダのロップ種

Holland Lop

ホーランドロップ

カラーバリエーション

オレンジ

明るいオレンジ色で、目の周り、顎下、おなか、しっぽなどに白い毛が。

ブロークンオレンジ

白い毛をベースに、オレンジの模様が入ったカラー。

ブロークンの模様はでかたには個体差があり、その子だけの特別なカラー！

チェスナット

全体的に茶色がかったカラー。よく見ると薄いブラウンと濃いブラックが混ざり合っている。

ブロークンチェスナット

白い毛をベースに、チェスナット（栗の実色）の模様が入ったカラー。

ブロークンブラック

白い毛をベースに、ブラックの模様が入ったカラー。

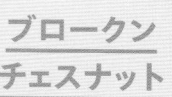

Jersey Wooly

ジャージーウーリー

Rabbit Data

原産国：アメリカ
体　重：約1,600g
特　徴：小さい、立ち耳、長毛
名前の意味：ジャージー（州）のウール（羊毛）

顔は短毛で、体はウール（羊毛）のようなふわふわの毛に包まれている。

綿毛のような長毛が世界で人気

日本ではまだあまり知られていませんが、**海外では人気の高い**小型のウサギ。小さな立ち耳と顔立ちはネザーランドドワーフに似ていますが、**ボリュームのあるふわふわの長い毛並み**が特徴です。

のんびりと穏やかな性格の子が多く、飼い主さんとのスキンシップも嫌がらない傾向にあります。

長毛種は毛づくろいの際自分の毛を飲み込みやすく、毛自体が絡まりやすいので、日々のケアがとても大切です。

English Lop

イングリッシュロップ

Rabbit Data

原産国：イギリス
体　重：約4,000g
特　徴：大きな耳、大型種
名前の意味：イギリスのロップ種

空も飛べそうな大きな耳がかわいいイングリッシュロップ。
とても人なつこいウサギです。

大きな耳の飼いウサギの先輩

まるでゾウのような**長くて大きな耳**をもつイギリス原産のロップ種。飼いウサギとしての歴史も長く、19世紀頃からペットして飼われていたといいます。毛は短く体が大きいのが特徴で、大人になると**4kgまで成長する大型種**。日本でメジャーなほかの品種が1kg~2kgであることを考えると、その大きさは際立っています。

おとなしくのんびりとした性格で**とても賢いウサギ**。飼育には、体に合った広いスペースが必要です。

Mini Rex

ミニレッキス

Rabbit Data

原産国：アメリカ
体　重：約2,000g
特　徴：光沢のある毛並み、小さい
名前の意味：小型のレッキス（王様）

いつまでも触っていられる、
なめらかで美しい被毛。

ビロードのような美しい毛並み

ミニレッキスの元となったレッキスは、毛皮用に開発された品種。そのため、**とても短い被毛はビロードのようになめらか**なのが特徴です。大型品種のレッキスは日本ではあまり見かけませんが、交配種のミニレッキスはよく飼われています。

人に対してあまり物怖じしない、好奇心旺盛な性格が特徴。**適応能力も高く**人に慣れやすいので、初めてウサギを飼う人でも暮らしやすいといわれています。

Dwarf Hotot

ドワーフホト

Rabbit Data

原産国：ドイツ
体　重：約1,300g
特　徴：目元の黒い毛、小さい
名前の意味：「ホト」は白い体にアイラインのような模様があるウサギが生まれたフランスの町の名前で、ドワーフは小人。

目元のアイバンドが特徴。目元だけでなく、体に黒い模様が入る子もいます。

パンダのような目元がキュート

全身は真っ白な毛におおわれていますが、**目の周りにはアイラインのような黒い毛**が生えています。これを「アイバンド」といいますが、まるでパンダような模様から「パンダウサギ」*の愛称で呼ばれることもあります。

短くて丸い胴が特徴で、とても**コンパクトな小型種**。好奇心旺盛で活発な性格は人にもなつきやすく、一緒に暮らしやすいウサギといえるでしょう。

*パンダのような模様の元となる、「ダッチ」という品種やそのミックスなどの交配種も、パンダウサギの愛称で親しまれています。

American Fuzzy Lop

アメリカンファジーロップ

Rabbit Data

原産国：アメリカ
体　重：約1,800g
特　徴：小さい、たれ耳、長毛
名前の意味：アメリカのふわふわのロップ種

人なつっこい性格で、アメファジファンに愛されるウサギ。

社交的なたれ耳ウサギ

「アメファジ」の愛称で親しまれている、アメリカ産のロップ種。**たれ耳と長い被毛**が特徴的です。ホーランドロップによく似た社交的な性格と見た目で、ロップ種の特徴である大きく丸い顔とずんぐりとした体型がとても愛らしいウサギです。

ファジーの名前通りにふわふわの長毛のため、**日々のケアが欠かせません**。ほかの長毛種と同様に、毛を飲み込みやすく絡まりやすいので、小まめなブラッシングが必要になります。

Lion Head

ライオンヘッド

Rabbit Data

原産国：ベルギー
体　重：約1,700g
特　徴：小さい、たてがみのような飾り毛
名前の意味：オスライオンのような頭

日本ではまだ入手が難しく、ライオンヘッドのミックスである「ライオンラビット」が一般的です。

ライオンのようなたてがみが勇ましい新種

ライオンのオスの顔周りに生えているたてがみのような飾り毛をもつウサギ。顔周りだけ長毛ですが、それ以外の全身の毛は長毛種ほど長くありません。ライオンはオスだけですが、ライオンヘッドはオスメスともに飾り毛があります。

比較的新しい品種ですが、その優雅な外見から海外では人気者。ライオンのようにやんちゃに思われますが、おとなしく温厚で人になつきやすいウサギです。

ウサギの一生

ライフサイクルと長寿の秘訣

成長に合わせた丁寧なケア

ウサギの長寿の秘訣は、**定期的な健康診断と体調に合わせた丁寧な飼育**にあります。フードや医療の発展により平均寿命自体も伸び、15歳を超える飼いウサギも増えています。

大切なウサギと1日でも長く一緒に過ごすことは、飼い主さんの共通の願いです。まずはウサギのライフサイクルを知り、年齢に合った適切なケアやポイントを押さえておきましょう。

ウサギ	1カ月	2カ月	3カ月	6カ月	1歳	3歳	5歳	6歳	7歳	9歳	11歳	13歳	14歳
人間	2歳	5歳	7歳	13歳	20歳	34歳	46歳	52歳	58歳	71歳	82歳	91歳	98歳

ウサギと人間の年齢換算表

※ウサギの種類や個体により差はありますが、目安として参考にしてください。

幼児期（誕生～30日）

1回の出産で4～10匹の赤ちゃんが産まれます。生まれたてのウサギは30～40gとピーマンより軽く、目は開かず、毛もありません。産後は警戒心が強いため、お世話は親ウサギに任せましょう。

point

ウサギの子育ては1日に数分程度。育児放棄と勘違いして触ってしまうと、人間のにおいがついてお世話をしなくなるので注意が必要です。

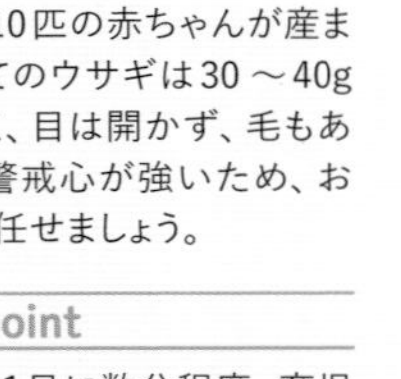

成長期（生後2カ月～1歳）

だんだんとウサギらしくなり、個性が出てきます。遊ぶのが好きな子なら一緒に過ごす時間を確保する、寝るのが好きな子ならそっとしておくなど、個性に合った接し方を心がけます。運動量が増える分、ケガにも注意してください。

point

いろんな食べ物を試したり、触れ合ったりして、ウサギの個性を伸ばしてあげます。生後6カ月を過ぎたら、病気予防や無計画な繁殖を避けるため、避妊・去勢手術を検討しましょう（P.180）。

青年期（1〜3歳）

肉体的にも精神的にも、活発になる時期です。体もできあがり、立派な大人のウサギの仲間入り。遊びたい様子ならしっかりと遊んであげ、ウサギの能力を伸ばしてあげましょう。運動量に合わせたレイアウトの工夫や散歩を。ただし、ケガには十分な注意が必要です。

point

自己主張がとても強い時期でもあります。ウサギ同士のケンカも発生しやすいので、多頭飼いの場合はできる限り1匹ずつ遊ばせます。特にオス同士を一緒に遊ばせるときは気をつけて。また、避妊・去勢していないオスとメスを一緒に遊ばせると妊娠するので、遊ばせないでください。

壮年期（4〜6歳）

人間でいうと中年に差しかかる時期です。ゆったりとした時間を過ごすようになり、精神面でも自立します。この頃になると、マウンティングやマーキング（P.53）なども落ち着きます。活動量や代謝も低下するので、肥満には注意しましょう。
また、健康面での不安が多くなるので、早い段階からペット保険に加入しておくと安心です。体調の変化に気を配り、定期的な健康診断を必ず受けるようにします。

point

肥満予防には食餌と運動が大切。フードの量の調整、カロリーの低い牧草を混ぜるなど工夫を。

高齢期（7歳以上）

お年寄りウサギになり、多くの時間をゆったりと寝そべって過ごすなど、落ち着いた時間を過ごすようになります。
新しい食べ物には強い拒否反応を示すことも。この時期は食が細くなるので、幅広い食べ物からしっかりと栄養が摂れるように、若い頃からいろんなものを食べさせるとよいでしょう。

point

ケージ内の段差をなくすなどレイアウトに工夫をして、ウサギが暮らしやすい環境を整えます。さらに、清潔を保つようにこまめなケアを。

ウサギの体のしくみ

ウサギの目の特徴

約360度見渡せる広い視野

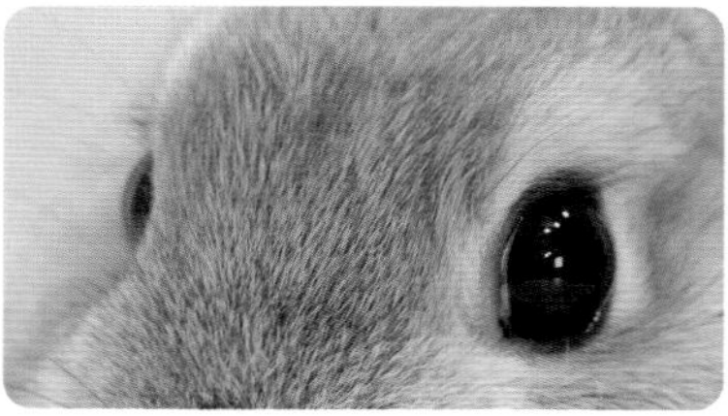

ウサギの目は顔の両側に、飛び出したような状態でついています。片方の目で見える視野は190度、死角を除くと両目で355度も見渡すことができます。頭を動かさなくても、背後や頭上まで見えているのだから驚きです。

顔の左右に目がついているのは草食動物の特徴です。広い範囲を見渡すことで、どこからともなく襲ってくる敵にいち早く気づき、捕食者から逃げるために進化したといわれています。草食動物の中でもウサギの視野の広さはトップクラスです。

暗いところもよく見えます

光を感じる能力がとても高く、人間の8倍もあるといわれます。そのため、暗い部屋でも物にぶつかることはありません。これは、ご先祖さまであるアナウサギが、天敵の少ない夕暮れと明け方に巣穴から外に出て活動していた名残です。

ここに注意!

光に敏感なウサギにとって、フラッシュ撮影は刺激が強すぎます。撮影するときは、フラッシュは絶対にNG!

ドライアイにはなりません

飛び出ている大きな目は、傷ついたり乾燥したりしないのか心配になるかもしれません。しかし、ウサギの目には「瞬膜《しゅんまく》」という、眼球をおおう薄い膜があるので大丈夫。角膜を保護して涙が出るのを助けているので、ドライアイにもなりません。また、ウサギの涙には脂質が多く含まれるため、水分が蒸発しにくいという特徴があります。

立体感や距離感は苦手

ほぼ360度見渡せる代わりに、両目で見ることのできる範囲は限られています。両目で見ることで奥行きや立体感、距離感、そして高さを認識するため、ウサギはこれらの感覚が苦手です。

point

ウサギが立体的に見える（両目で見る）のは、前10度、後ろ9度だけ。さらに、鼻先は死角になっているので、鼻の前におやつを出しても気づかないことがあります。

ここに注意!

高さがわからないので、「高い＝危ない」という感覚がありません。そのため、高所から飛び降りて骨折する事故が絶えません。

目を閉じないのが特技

瞬きは1時間にたった10 ～12回しかしません。これも野生の名残です。そのため、目を開けたまま眠ることも少なくありません。もしも鼻がヒクヒク頻繁に動いていないなら、目を開けていても眠っているのでそっとしておきましょう。

緑と青しかわからない

人間は、赤、青、緑の3色を認識していますが、ウサギは緑と青の2色しか認識できません。視力もあまりよくなく、0.05 ～0.1程度といわれています。遠近の調整機能も乏しいためピントが合わず、人間に比べると視界はぼんやりしています。

目の色は5色

ウサギの目の色は、黒に近いブラウン、灰色のブルーグレイ、薄いブラウンのマーブル、くすんだ青色のブルー、赤色やピンクの5色に分類されます。

ここに注意!

強い衝撃を受けると、目の色が変わることがあります。突然目の色が変わったら、ケガや病気を疑ってください。

ここも check

ウサギの目について

P.160　目のチェック
P.176　結膜炎

ウサギの耳の特徴

トレードマークの大きな耳

ウサギと聞いて一番に思い浮かべるのは、あの大きくて長い耳ではないでしょうか。特徴的な耳にはたくさんの機能が備わっています。

1つは**音を集めるアンテナ**の役割です。顔を動かさず耳だけを左右別々に動かすことができ、音に集中するときはレーダーのように耳をくるくると動かします。これは音を頼りに敵の位置を把握するための機能です。

さらに、ウサギは耳を使って**体温調整**をしています。耳にはたくさんの細かな血管が通っており、毛の生えていない耳の内側を風に当てることで、放熱しているのです。

とても繊細な耳ですので、**決して乱暴に触ったり掴んだりすることのないように**しましょう。

「耳」は口ほどに物を言う?

ウサギの表情から気持ちを読み取ることは難しいかもしれませんが、耳を見れば感情や様子をうかがうことができます。うれしいときは耳をピンっと持ち上げ、悲しいときは耳をぺたっと後ろに付けます（P.58）。また、音に集中している様子のときもチェックしてみてください。耳を後ろ向きに立てているときは遠くの音を、前から後ろにくるくる動かしているときは多方向の音を聞こうとしています。

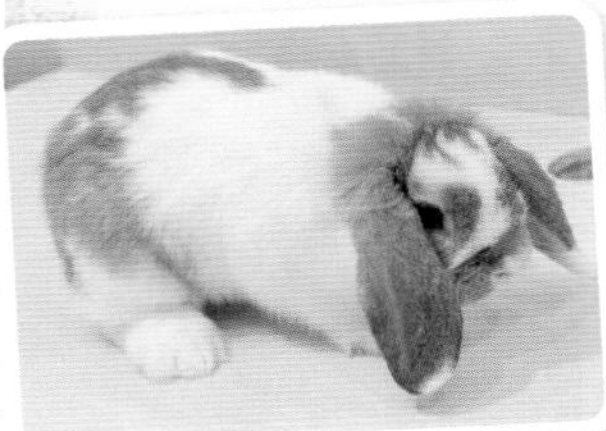

たれ耳のウサギは、目を隠すように前に出して音に集中します。

遠くの高い音までよく聞こえる

ウサギは高い音を聞くことがとても得意で、人間のおよそ3倍もの高い周波数をとらえることができます。これは天敵のフクロウから逃げるためだといわれています。一方、低い音は人間ほど聞こえていません。これは、自然界に低い音を出す天敵がいなかったためだと考えられています。

ここもcheck

ウサギの耳について

P.164　耳をチェック
P.172　耳ダニ

ウサギの鼻の特徴

ウサギの鼻はとてもイイ

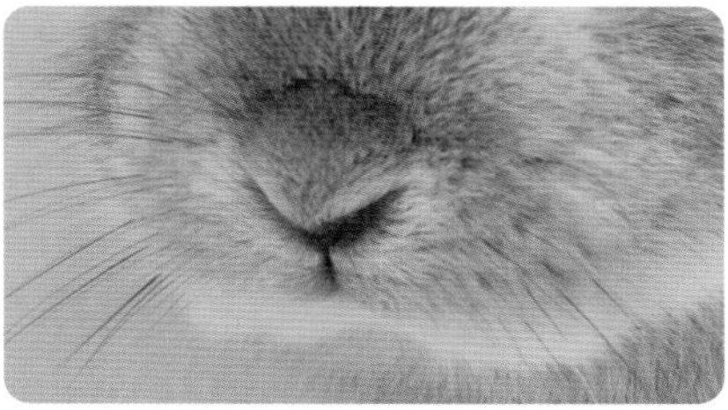

ウサギは常に鼻をヒクヒクと動かしていますが、なんと**1分間に120回も動いている**といいます。弱い視力（P.40）をカバーするために鼻が発達していると考えられ、**人間よりもはるかにすぐれた嗅覚**を持っています。微かなにおいでも感知することができ、遠くの存在が敵か味方かもにおいで判断しています。

また、ウサギにとって**においは大切な情報源であり、コミュニケーション手段**です。体からにおいを出したりオシッコを飛ばすことで、自分の居場所をアピールする「マーキング行動」（P.53）を行う生き物でもあります。ウサギと快適に暮らすためにも、マーキング行動についてしっかり知っておきましょう。

ウサギの鼻はバロメーター

好物や好きなウサギ、安心できる人がいると、急激に鼻をヒクヒク動かして、猛アピールをします。ストレスや緊張、恐怖を感じているときも、鼻の動きが小刻みに激しくなります。

ゆっくりヒクヒクはリラックスの証

常に動いているように見えるウサギの鼻ですが、リラックスしているときは動きがゆっくりになります。また、寝ているときはあまり動かなくなったり、動きが止まったりします。

ここも check

ウサギの鼻について

P.161　鼻・口のチェック
P.175　スナッフル

ウサギの口の特徴

立派な歯とグルメな味覚

ウサギといえば、硬いものを噛み切る4本の前歯を思い浮かべるかもしれません。しかし、実は目に見える上下各2本以外にも歯が隠れており、6本の前歯を含めて合計28本の歯をもっています。繊維質の硬い草を上下に動かした前歯で小さくした後、今度は奥歯を左右に擦り合わせて消化しやすい大きさに咀嚼《そしゃく》します。あの小さな口で**1分間に約120回も咀嚼**するというから驚きです。

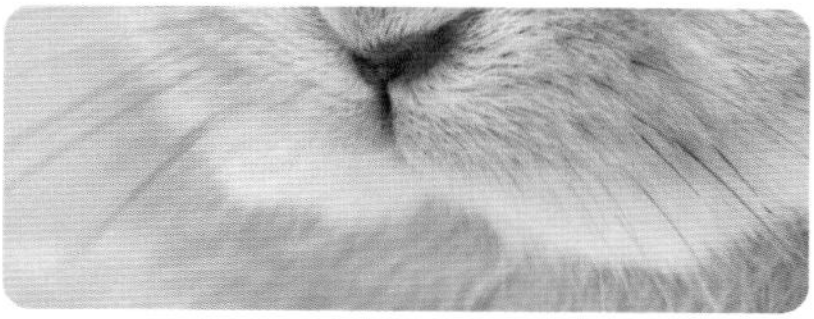

さらに、ウサギは味を感じるセンサー「味蕾《みらい》」が約17,000個あり、**味覚がとても鋭敏です**（猫約500個、犬約2000個、人間5,000～9,000個）。人間が手で触れて情報を得るように、ウサギは味覚で情報を得ていると考えられています。植物の毒性などを判断するため、このように敏感な味覚を持っているのです。

かじることは本能 ただし硬すぎるものはNG

ウサギの歯は一生伸び続け、これを「常生歯《じょうせいし》」といいます。繊維質の硬い草を食べるウサギの歯は、食餌をしながら常にすり減っていきます。その一方、小さな口の中では毎日0.3㎜、1週間で約2㎜も歯が伸びます。不正咬合《ふせいこうごう》という上下の歯が噛み合わなくなる状態になると、歯が異なる方向へ伸び続けてしまい、食餌が困難になります。
ウサギにとってかじり不足はストレス。好きなときに好きなだけかじれるものが必要です。とはいえ、噛みきれないものや食べられないものはNG。以前は「かじり木」を与えるケースもありましたが、不正咬合や病気の原因となるため現在は推奨されていません。

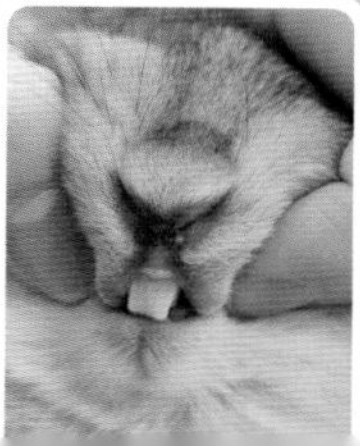

死角を補うひげ

ウサギにとって鼻先付近は死角。ひげにはこれを補う役割があります。物との距離感を測る、道の幅を測るなど、ひげで感知しているのです。切ったり抜いたりしないようにしましょう。

ウサギはどんな鳴き声？

ウサギは感情が高まると「プゥプゥ」「ブッ」「ブ――ッ」という音を出しますが、実はこれは声ではありません。鼻やのどを鳴らしているのです（P.56）。

ここもcheck
ウサギの口について
P.157　食欲をチェック
P.161　鼻・口のチェック
P.169　不正咬合

ウサギの胃腸の特徴

草食動物に秘められた「消化」パワー

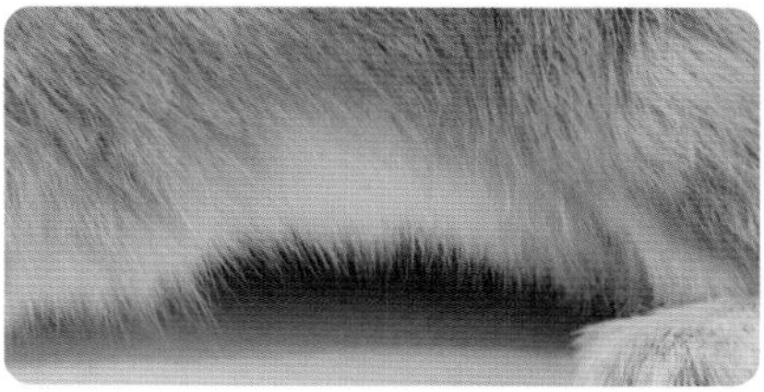

ウサギは植物を主要なエサとする草食動物です。カロリーも栄養価も低い草を主食とするため、必然的に食べる量も多くなります。しかし、ウサギにとっても硬い繊維質をもつ草を消化することは、とても大変なことです。自力では消化できないため、実は**「微生物」の力を借りて発酵させて消化している**のです。

発酵させる場所のことを発酵槽といい、ウサギの発酵槽は大腸の一部である「盲腸」にあります。人間の盲腸は退化しているためほぼ機能していませんが、ウサギの盲腸は消化器官全体の約4割を占めるほどの、大きな器官です。

ウサギはフンを食べる?!

初めて聞くと驚くかもしれませんが、ウサギは自分のフンを食べます。ただし、犬や猫の食糞のような問題行動ではありませんので安心してください。

なぜ食べるの?

おなかの中で草を消化・発酵するには時間がかかります。ウサギは体が小さく、長時間留めておくスペースもありません。そのため、消化に時間がかかる繊維はさっさとフンとして排出してしまいます。代わりに、消化しやすい部分だけを選り分け、**栄養がたっぷり詰まった「盲腸便」を出し、それを食べることで栄養を補っているのです。**

食糞は止めたら絶対ダメ

コロコロとした丸く乾燥した糞を硬糞と呼びます。一方、盲腸便はブドウの房状で透明な粘液に包まれ、しっとり柔らかいことから「軟糞」とも呼ばれます。盲腸内の微生物により作られた栄養の宝庫であり、ウサギにとって大切なタンパク質やビタミンの供給源です。汚いからと食糞を止めてはいけません。

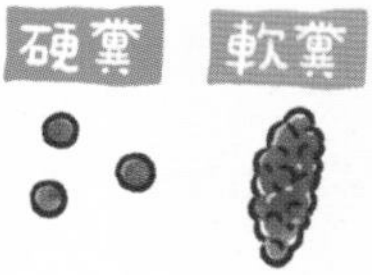

食糞するときは、口をお尻に近づけて直接食べています。

ここも check

ウサギの胃腸と消化について

P.157　食欲をチェック
P.158　排泄状態をチェック
P.163　お尻をチェック
P.170　消化器疾患
P.173　コクシジウム症

ウサギの手足の特徴

ウサギの足は筋肉モリモリ

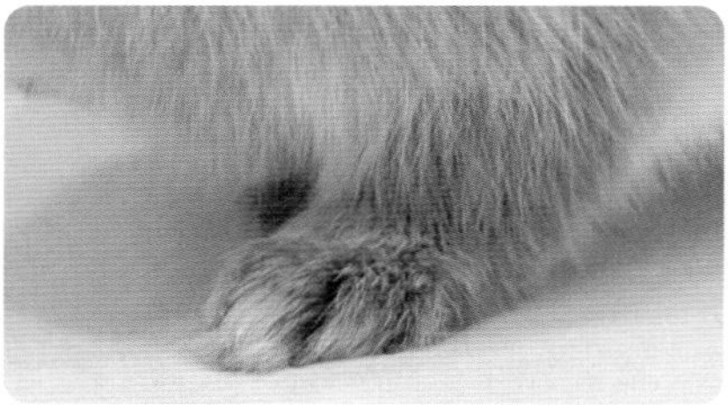

　ご先祖さまのアナウサギは、地中深くにトンネルのような巣穴を掘って生活していました。その習性は飼いウサギにも残っており、ウサギの前足は穴掘りに適した形をしています。後ろ足に比べて短い前足は、前後に素早く動くため、**効率的に穴が掘れる**ようになっています。また、食べ物を持ったり顔を洗ったりと、手のように使うこともあります。

　一方、後ろ足は天敵から素早く逃げるために、**筋力がかなり発達**しています。**通常で時速40km、最高速度は時速80kmものスピードで走る**ことができるようです。

　ウサギは足のトラブルが多い傾向にあります。普段の姿勢では隠れて気づきにくいため、定期的にチェックしたり、病院やお店でケアをしてもらうとよいでしょう。

ウサギの指は何本あるの？

前足は5本、後ろ足には4本の指があります。指にはしっかりとした鋭い「かぎ爪」があります。野生のウサギは土を掘ったり、土の上を歩いたりすることで削れますが、飼いウサギは定期的に切ってあげる必要があります。
爪にも血管が通っているため、血管を切ってしまわないように気をつけましょう。

後ろ足で立つことも（うたっち）。

ウサギに肉球はありません

ウサギには犬や猫のような、ぷにぷにとした肉球がありません。肉球の代わりに、足の裏には被毛が密集していて、厚い毛の層がクッションのような役割をしています。毛におおわれている足裏は、一度濡れるとなかなか乾かず、皮膚炎などの原因になりますので、十分な注意が必要です。

ここも check

ウサギの足について

P.165　足裏と指のチェック
P.166　ウサギの爪をカットする
P.177　ソアホック

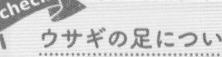

ウサギの骨の特徴

鳥のように軽い繊細な骨に注意

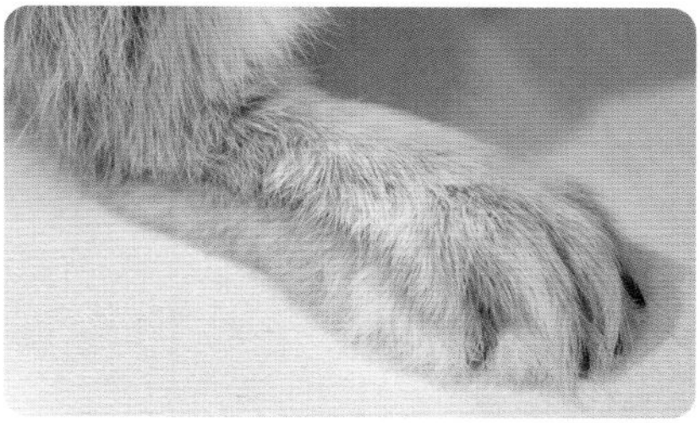

人間の骨は体重に対して、約15～18%前後の重量があります。一方、ウサギはというと約8%しかありません。これは空を飛ぶ鳥と同じくらいの重量で、**哺乳類の中でも際立つ軽さです。**天敵から逃げきるために進化した、ウサギ特有の体の作りといえるでしょう。

強い足をもつウサギですが、**骨はとても繊細**です。ジャンプ力はありますが、猫のように着地は得意ではありません。**着地した衝撃で骨折してしまうこともあ**るため、特に抱っこするときは十分な注意が必要です。必ず座った状態での抱っこを心がけましょう。

もしも骨折してしまったときは、固定できる場所ならギプスをしますが、多くの場合固定が難しいため積極的な治療は行わずに自然治癒を待ちます。

よくある骨折の原因

次のような状況での骨折事故が目立ちます。骨折が原因で、食欲不振になったり半身不随や足に影響が残ったりすることもあります。少しでもリスクを減らすようにしましょう。

- ケージの隙間に足を取られる
- 毛足の長いカーペットに爪が引っかかる
- 抱っこを嫌がり暴れる
- 抱っこから飛び降りる
- 高いところから落下
- 誤って人間が踏む、蹴る
- ドアにはさまれる
- 物音などに驚いて飛び跳ねる
- 驚いて壁に激突する

骨折のサインかも？

- 動かずにじっとしている
- 足を引きずっている

よくある骨折箇所
スネ、背骨、大腿骨

抱っこは
座って安全に。

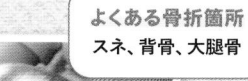

ウサギの子宮の特徴

子宮を2つもつウサギの繁殖力

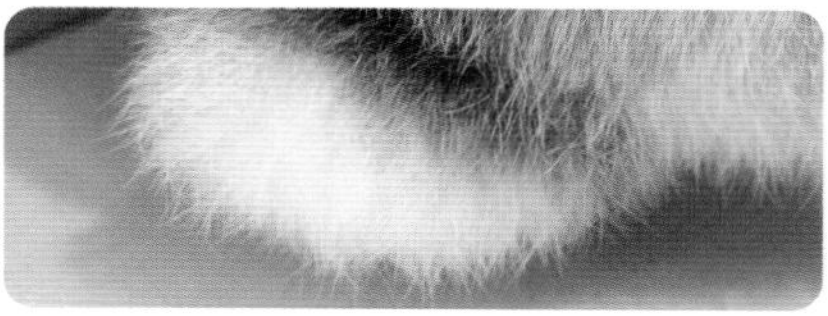

ヨーロッパ圏では古代より、ウサギは多産、豊穣、性のシンボルでした。それは、ウサギの繁殖力が非常に強いことに由来しています。人間とは体のしくみが異なる点が多いため、特に女の子のウサギを迎えるなら事前におさえておきましょう。

ウサギに月経はありません。交尾の刺激で排卵が起こる「交尾排卵動物」のため、月経のような現象が起こらないのです。

さらに、ウサギは**左右に独立してわかれた2つの子宮をもちます**。そのため、出産直後や妊娠中に重ねて妊娠することもできてしまうのです。

このように繁殖力に長けたウサギですが、**子宮疾患のリスクが高く**、4歳で約60%、6歳で約80%もの確率でがんなどの病気にかかるとされています。ウサギの寿命を延ばすためにも、**積極的な避妊手術が推奨**されています。手術の際には、ウサギについて詳しい病院選びも大切です。

性成熟したウサギはいつでも妊娠ができます。猫のような発情期はなく、年中発情期のようなものです。交尾排卵動物の特徴として、非常に妊娠しやすいのもポイントです。

種類によっても変わりますが、1回の妊娠で4~10匹の子ウサギを産み、1年に8回までは妊娠可能ともいわれます。

ウサギは妊娠が成立しやすい生き物

交尾することで排卵が起こるウサギは、非常に妊娠しやすい動物。発情期もないため、性成熟したウサギはいつでも妊娠可能です。交尾も30秒ほどで終わってしまうので、気がつくと妊娠しているなんてことも。

多頭飼育崩壊に注意

ウサギの多頭飼育崩壊のニュースをたびたび耳にします。中には、2匹のウサギが2年で200匹以上になったというケースもありました。無計画な繁殖は重大な社会問題になります。このような問題を未然に防ぐためにも、避妊・去勢手術を積極的に検討してください。

ここも check

ウサギの子宮について

P.174 子宮腺がん
P.180 避妊・去勢手術
P.182 交尾・妊娠・出産

ウサギの被毛の特徴

年に4回抜け変わるふわふわの毛

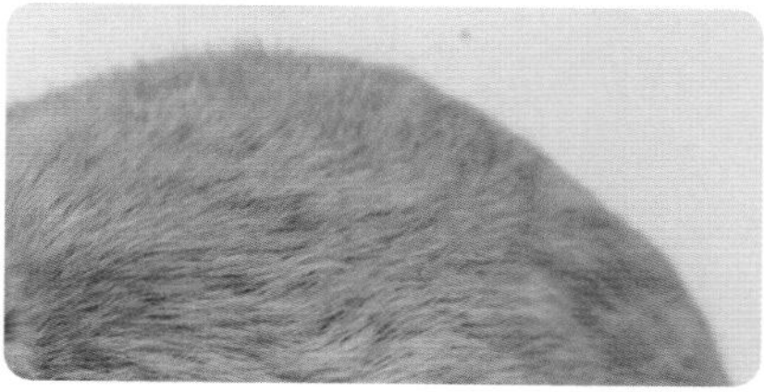

ウサギの被毛は、とてもやわらかくふわふわしています。皮膚を包む柔らかい「アンダーコート」という毛と、それを保護するように生える長くて硬い「ガードヘアー」の2層から成り立っています。ウサギの種類によって毛質や長さ、生え方は異なります。

大きな特徴として、ウサギは**年に4回毛が生え変わります**。これを「換毛」と呼び、春夏秋冬の変わり目に換毛期を迎えます。中でも、**春と秋は大きく変わる季節に合わせて大量に毛が抜け落ちます**。換毛にはウサギ自身もかなり体力を消耗するため、この時期のご飯には気をつけてあげましょう。

ブラッシングは1週間に1回程度

ウサギの日々のケアとして、ブラッシングは欠かすことができません。特に換毛期はこまめなブラッシングで抜け毛を取り除いてあげましょう。
フンが毛でつながっているような状態であれば、いつもより念入りにブラッシングを行い、牧草をたくさん食べさせるようにします。

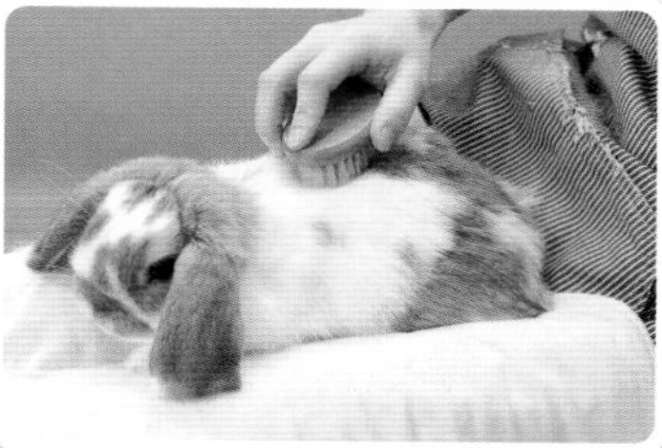

換毛期のケア

年に4回、3カ月に1度のペースで換毛期がやってきます。中でも、春と秋は大量に新しい毛を作り出すため、タンパク質などの栄養が奪われ、エネルギーを消費してしまうのでぐったりする子もいます。そのような場合は、食餌に注意してあげましょう。

体力を補うためにできること

- いつもより水分を多めにあげる
- 食餌の量を増やす
- 高カロリーのペレットを与える

ここもcheck
ウサギの被毛について
P.108　ブラッシング
P.162　被毛の状態をチェック
P.170　消化器疾患

ウサギの行動と気持ち

ウサギの気持ちを知るために

ウサギの心を知るための行動学

私たちに感情や意思があるのと同じように、**ウサギにも豊かな精神活動があります**。人とウサギが健康に幸せに暮らすために、その心を知ることはとても大切なことです。

では、話すことのできないウサギの気持ちを、どうやって知ればいいでしょうか。そのカギはウサギの「行動」にあります。ウサギの行動を通して、その内面にせまるのが「動物行動学」です。動物の精神科ともいわれる行動学の視点を持つことで、**行動とその理由を知ることができれば、ウサギの本当の姿と心が見えてきます**。行動学をヒントにウサギの生活の質（QOL*）の向上を目指していきましょう。

*QOL：quality of life

ウサギの問題行動を解消するヒントも

「**環境エンリッチメント**」という言葉をご存知でしょうか。動物福祉の取り組みであり、「人とともに暮らす動物が、備わった習性に基づいて行動し、ストレスなく快適に過ごし、本来の行動バリエーションを発揮できるように環境整備すること」、すなわち、**その動物らしくイキイキと振る舞える飼育環境を作ろう**という試みです。近年、日本の動物園や水族館などでも環境エンリッチメントを取り入れ、豊かな飼育環境が整備された施設が増えつつあります。

ウサギの飼育環境を見直すことは、人間にとって不都合な**ウサギの問題行動を解消する糸口**にもなります。たとえば、ケージをかじる、オシッコを飛ばすマーキングなど、いくら叱っても解決はしません。環境を調整することが有効なのです。

まずは行動をじっくり観察

ウサギの気持ちを知るための基本は、行動をじっくり観察することです。しかし、**ただ漫然と見ていてもウサギの気持ちはわかりません。**同じ行動でも全く異なる理由が存在することもあるからです。

たとえば、初めて知らない人に会ったとき、ウサギが家中を走り回ったとしましょう。これは、恐怖を感じての行動か、うれしくて興奮した結果の行動か、個体によって違います。ウサギの気持ちを知るには、**きちんと観察し、さまざまな角度から考える必要があります。**

日頃からウサギの様子をよく観察し、「今こう思っているのかな」と思いを巡らせ、適切な環境を与える工夫をすることは、その子ならではの環境エンリッチメントにつながります。

代表的なウサギの行動

知らないと見分けられないウサギの「遊び」

ウサギは単独で体を動かして遊ぶ、「運動遊び」をする動物です。高速ダッシュや、頭をフリフリ動かすなど、一見**「これは遊びなの?」と思う行動**ですが、ちゃんと楽しんでいます。また、これらの遊びは**ウサギがご機嫌なしぐさでもあり、幸せや楽しい気持ちのときに見せてくれる動き**です。

しっぽを振ったり鳴き声をあげたりしないため、ウサギの感情表現は静かでわかりにくいですが、周囲の注目を集めないように振る舞うのも捕食される側の本能なのです。

さらに、エサを探す、かじる、掘るといった行動も、一般的に遊びと認識されています。本来、野生で生きていくために必須の行動ですが、飼育下のウサギは自ら労力を費やさなくても生きていけます。しかし、人もやることがないと覇気を失ってしまうように、ウサギにもやることが必要です。エサを探す、かじる、掘るといった行動を遊びですることは、**ウサギにとってよろこびや楽しみにもなる**のです。

ここもcheck
遊びについて
P.132　部屋んぽで運動遊び

ウサギは「かじる」動物

ウサギの歯は、前歯だけでなくその全てが一生にわたって伸び続けます。これを「常生歯《じょうせいし》」といい、自然界で継続的にすり減る歯に対応するために進化したと考えられています。

ウサギにとってかじることは、**日々伸びる上下の歯をすり合わせて削り、同じ長さに保つため備わった、本能的な行動**です。そして、本能的な欲求であるがゆえに、**「かじる」ことで心が満たされ幸福感につながる**と考えられています。

実際に、かじれるものを与えられたウサギは、攻撃的な行動やストレスから起こる問題行動が減少したという実験報告もあります。ウサギにとって「かじる」ことは、**歯のメンテナンス以上に精神的に大切な役割**があるようです。

また、ウサギにとって、かじることは**「ちょっと確認」の意味**もあります。人が手で触って感触を確かめるように、ウサギはかじることで確認しているようです。

ここもcheck

かじるについて

P.44　ウサギの口の特徴

P.169　不正咬合

COLUMN

ウサギの「ストレスサイン」を知る

運動が不十分、室温や湿度が高い、過度なスキンシップなど、ウサギがストレスを感じているときは次のようなサインが現れます。

代表的なストレスサイン

- □ **自分の毛を抜く**
  地肌が見えるほど自分の毛を抜いてしまう。体中のあらゆる箇所で見られる。
- □ **水をよく飲む（多飲）**
  急に飲む量が増える。
- □ **体をよくなめる**
  毛が唾液でベタベタになるほどしつこく体をなめるようになる。

「マーキング行動」はコミュニケーション手段

ウサギのマーキングは、**主に嗅覚に訴えます**。マーキングにはオシッコを飛ばす「スプレー行為」「フンににおいをつける」「あごをすりつける」があります。これは縄張り主張でもあり、情報交換であり、愛情表現でもあります。**オスメスともにマーキング行動をする**のがウサギの特徴です。

ウサギには「臭腺」という場所があります。下顎腺（下あご）、肛門腺、肛門の脇にある鼠径腺の3つがあり、ここから出る分泌物でマーキングをしています。オスメスでマーキングの頻度に差はありませんが、オスウサギの臭腺はメスより大きく、オスの方がメスよりもスプレー行為は多いといわれています。これは**しつけでコントロールできるものではなく**、飼育環境を工夫するしかありません。掃除の際はにおいを消しすぎないように心がける、環境や生活サイクルを頻繁に変えないこともポイント。思春期を迎える前に、**避妊・去勢手術を受けさせる**ことも効果的です。

3つのマーキング行動

スプレー行為

トイレ以外の場所に、オシッコをしてにおいをつけます。盛大に飛ばす子もいれば、少量頻回にあちこちにしてまわる子も。

ウサギの気持ち

縄張り主張のほかに、異性への求愛行動、環境が変わった緊張・興奮の影響でスプレー行為をすることも。

フンににおいをつける

草食動物であるウサギのフンは、あまりにおいが強くありません。しかし、肛門腺からの分泌物は典型的な「ウサギ臭」がします。フンがにおうときは、マーキングをしている印です。

ウサギの気持ち

縄張りの主張。群れの中での順位などの情報交換。

あごをすりつける（チンニング）

あごをすりすりすることでにおいをつけます。

ウサギの気持ち

群れの順位の確認、自分のにおいで安心したい、飼い主さんへの興味関心表現。

ここもcheck

マーキングについて

P.106　ケージの掃除
P.120　トイレの失敗が続くときは
P.180　避妊・去勢手術

ウサギは「恐怖心」センサーが高感度

ウサギは捕食される弱い立場ですから、生き残るために強い警戒心をもちました。そのため、**基本的に臆病で恐怖を感じやすい動物**です。

しかし、怖がり度合いは生まれ持った性格と育った環境の2つの要素で決まるといいます。好奇心旺盛な子ウサギのうちから人とスキンシップをとっていれば、人への恐怖心が少なくなるといわれています。

恐怖を感じたウサギは、逃げる、固まる、攻撃するの3つの行動をとります。逃げ場がないときは、最終手段として攻撃行動に出ますが、犬や猫に比べて戦う力は低いので、まずは逃げます。ウサギとしては、「勝てるとは思えないけれど、どうしようもないので仕方なく反撃する」といったところでしょう。

なでると噛む、抱っこでキックの理由

かわいいウサギをなでたり抱っこしたりしたいものですが、実はこの2つはウサギにとって本能的に恐怖を感じるものなのです。

ここが怖い！
「なでなで」

ウサギにとって頭上に近づく影は、上空から襲ってくる鳥のようです。飼い主さんがなでようと伸ばした手に恐怖を感じるのは当然のことなのです。

ここが怖い！
「抱っこ」

抱っこの過程で、4本の足全てが地面から離れることは、捕食シーンそのものを思い起こさせるため、強い恐怖を感じます。体がふわっと宙に浮く感覚を本能的に怖がってしまうことは、仕方ないことなのです。

ここもcheck

スキンシップについて

P.122　触れ合うために
P.126　ウサギの抱っこのしかた

ウサギは「学習」する？

教えてもらわなくても生まれつき備わっている「本能的な行動」を生得的行動といいます。ウサギにとっては、穴掘り行動や、マーキング行動、マウンティングや交尾行動がこれに当てはまります。

動物に芸を教えるときによく使われる「オペラント条件付け」は、望ましい行動をした後にご褒美をあげて、その行動を強化していくものです。これを使ったトレーニングで芸ができるようになるウサギもいますが、**これはごく一部の個体**です。

ウサギは本来、**おやつで釣れる動物ではありません**。生まれ持った強い警戒能力があり、飼いウサギは特に食べ物にも困っていないことから、おやつを食べられるよろこびよりも、安心感を得たいという気持ちが勝るのです。

行動を矯正するための「罰」も、より慎重に行う必要があります。強く叱ったり、叩いたりしてもウサギは**恐怖だけを学習してしまう可能性が高い**です。

経験を積むことで学習するウサギ

経験を積んだ結果、学習によってできるようになった行動を、習得的行動といいます。これは哺乳類の特徴であり、ウサギもちゃんと学習しているのです。

例1 決まった時間にソワソワ

毎日夜に部屋んぽ（P.132）をするお家。日中は飼い主さんがケージの横を通っても、ゴロンと寝たままですが、夜になると飼い主さんの行動に敏感に反応してソワソワしたり、飛び起きたりします。

学習

これは、夜になるとケージを開けてくれると学習し、飼い主さんの動きに「部屋んぽするんでしょ?」とうれしさが抑えきれず、反応している状態です。

例2 ケージに手を入れると噛む

新しく迎えたウサギが環境に慣れたため、そろそろと思いケージに手を入れるとガブリ。思わず手を引っ込めその日は中断。翌日もチャレンジするも同じ結果に。

学習

これは、ウサギが「縄張りへの侵入者は噛みつけばどこかに行く」と学習した結果です。恐怖からではなく、自分に都合のよい結果が得られると学習した行動が、ウサギの攻撃につながることもあります。

ウサギのしぐさ解説

ウサギはツンデレじゃない！

　犬や猫のようには感情を表に出さないことから、ウサギはツンデレ、何を考えているかわからなくてつまらない、などといわれることがあります。しかし、それは**ウサギのしぐさが何を意味しているのか知らないから**そう感じてしまうのです。しぐさ１つひとつの意味を知れば、その豊かな感情表現のとりこになってしまうかもしれません。

ウサギの4つの感情表現

喜

ウサギはうれしいときに、活動が活発になります。早く走ったりジャンプしたりして、うれしい気持ちを表現しているのです。ご機嫌なときに鼻を鳴らして「プウプウ」「プゥ」といった高めの音を出すことも。

怒

怒りは全身を使って表現します。いわゆる「足ダン」と呼ばれるスタンピングは有名。餌入れをひっくり返す、物に当たる、飼い主さんに高速キックやパンチをする子も。

哀

悲しい気持ちが耳に現れることがあります。耳を後ろにペタッとつけて倒しているときは、悲しかったり不満があったりするのかも。

楽

リラックスしているときは、歯をこすり合わせて「コリコリ」といった音を出すことも。足を後ろに伸ばして寝そべったり、目を細めたりするしぐさもリラックスのサイン。

22のウサギのしぐさ

1 伏せて体を地面に押し付けている状態

従順のポーズ。威嚇しているように見えないように、できるだけ体を小さくしています。
怯えているウサギも同じようにしますが、その場合は、顔の筋肉が緊張し、目が大きくなります。

2 頭を前に出し、耳は後ろに倒して尻尾を上げている状態

警戒、警告のポーズ。ウサギの「近づかないでほしい」というサインです。事態を収拾しようとしていますが、近づくとウサギが攻撃することもあります。

3 頭を振っている行動

イライラしている状態。知らないにおいを感じたり、邪魔をされたり、あるいは長くブラッシングをされたと感じたりして、イライラしている可能性があります。

4 足や手を鼻先で押す行為

注意を惹いたり、なでてほしいなど構ってほしいときに見られます。同じ行動に鼻を押し付けることもあります。逆に「邪魔だ」といっている場合もあります。

5 人の体を噛む行為

一人になりたかったり、飼い主にどいてほしい場合の行動。単に不安がっているだけの場合もあります。赤ちゃんウサギの場合は、いろいろなものをくわえたり、味見したりします。

6 人への接触行動

ウサギが頭を突き出したり、あごを地面につける、前足を体の下に入れるなど、人やほかのウサギに体をこすりつけてなでてもらうなどの行動は、自分の存在をアピールしている行動です。鼻からおでこにかけてなでられるのを好みます。

7 円を描くように走り回る

ウサギがほかのウサギや飼い主の足の周りをぐるぐると回る行動は、主に求愛行動であることが多く、去勢手術をすると収まることが多くあります。これはホルモンの影響や、社会的な行動の可能性もあります。

8 横たわって寝ている

ウサギがリラックスしている状態で、とても満足しています。

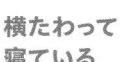

22のウサギのしぐさ

9 常同行動

決まった行動ばかりしている状態で、ストレスの兆候です。飼育環境や生活環境の改善が必要です。

10 後ろ足で立ち、辺りを見回す

全体像を把握しようとする行動で、本来の警戒心が強く、注意深い性質の現れです。

11 お尻を向ける

ウサギがあなたにお尻を向けている場合、ウサギはすねていたり、怒っていたりする可能性があります。

12 足ダン（後ろ足で地面を踏みつける）

怖くてみんなに危険を知らせようとしているのか、それとも不機嫌でそれを伝えようとしているのかのどちらかです。

13 耳の開口部を体側にして後方に倒している状態

不満があることを表します。耳が後ろにあるほど、ウサギは悲しく、不機嫌です。
寝ているときも、多くのウサギが同じように耳を後ろに倒しています。

14 耳がまっすぐ立っていて、こちら側に開いている

満足しているときのしぐさです。

15 耳を前に向け、体を低くしてコソコソと動く

好奇心旺盛なウサギの行動で、何かを発見するために行動しています。

16 人間をなめる

毛繕いの行動で愛情表現です。

17 鼻を素早く動かす

興味の度合いを表します。静かに嗅ぐ場合はリラックスしていて、早く嗅ぐ場合は興味深く意識していることを表します。

18 尿を撒き散らす

ほかのウサギへのマーキングや縄張りの主張を表します。去勢手術で多くの場合解消されます。ホルモンによる影響のケースもあります。

19 物に顎をこすりつける

ウサギの所有権の主張です。特に新しい場所では探索しにおいをつけ、自分の縄張りを広めています。

20 空中でジャンプしたり、体をひねったりします

これはビンキーと呼ばれ、ウサギがよろこんでいることを意味します。

21 自分の毛をむしり取って巣を作る

メスのウサギは、自分が妊娠していると思い込んで巣作りを始めることがあります（偽妊娠）。この場合、ウサギはイライラするとともに疲れることもあります。避妊手術はこの行動を抑制する効果があります。

22 くわえて投げる

多くのウサギは、その辺に転がっているようなものを掴んで捨てるのが大好きです。

ウサギの飼育レポート

うされぽ その1

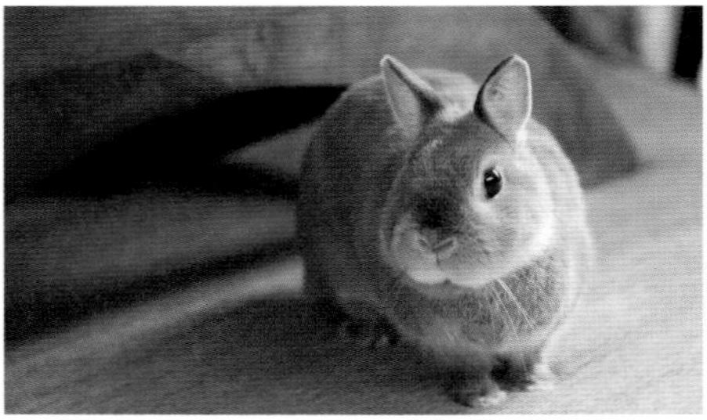

ヤマザキ家
むぎちゃん
（5歳・女の子）

「幸せだよね」と語る、ウサギ愛にあふれた家族

家族の介護を終えたことをきっかけに、お世話をする「なにか」を迎えたいと思ったむぎちゃんママ。そんな時、お嬢さんと立ち寄ったのが「フェレットとうさぎのお店 フェレット・リンク＆ラビット・リンク」でした。ウサギを間近で見るのも触れるのも初めて。かわいい子ウサギがたくさんいる中で出会ったのが、当時6カ月のむぎちゃんでした。

「一度抱っこしたら、二人とももうほかの子は目に入らなくなってしまったんです。でも、夫は反対だったんですよ」と当時を懐かしむむぎちゃんママ。かつて、子どもの頃に犬や猫を飼育していた経験があり、その死に向き合うのがつらすぎると避けていたそうです。「二度と動物は飼えないと思っていたんですけどね……」と、むぎちゃんを見つめながら目尻が下がるむぎちゃんパパ。「手をペロペロなめてくれたり、おなかを見せてコロンと横になったり、もうたまらないんです」とこぼれる笑顔から、むぎちゃんへの愛が伝わります。飼育方法やご飯のあげ方などで、夫婦の意見が分かれることもしばしば。「子育てと全く同じですよ」とご夫婦で笑い合います。

そんなむぎちゃんは2年前、3歳の時に目の病気を経験しました。セカンドオピニオンだけでは考えがまとまらず、3つの病院に相談しながら経過を観察し、1年後に片目の摘出を決断。家族にとってもつらいできごとだったはずですが、「うちの子でよかった」と語る姿が印象的でした。

「いつか必ずお別れはくるから、少しでもストレスを減らした環境で過ごしてほしい」というお宅は、まさに「ウサギファースト」にあふれた空間。「むぎちゃんが家族に与えてくれるものが、たくさんありすぎて……幸せだよね」と、部屋を自由に歩き回るむぎちゃんを見守りながらむぎちゃんママは話します。病気を乗り越えてますます深まる家族の愛が、そこにありました。

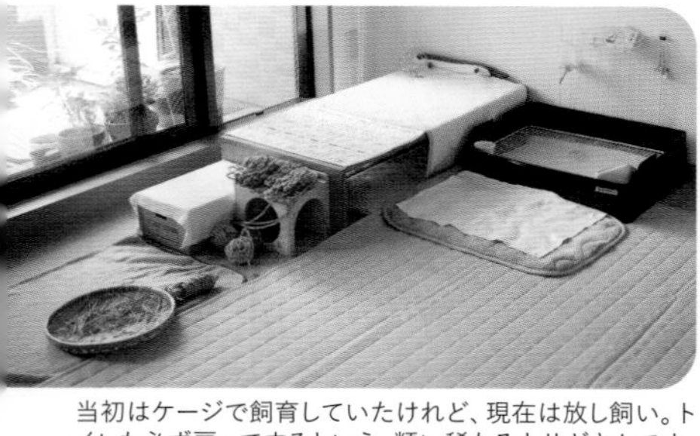

当初はケージで飼育していたけれど、現在は放し飼い。トイレも必ず戻ってするという、類い稀なるウサギさんです。

なめてくれるし寄ってくるけど、抱っこは苦手でNGだそう。

むぎちゃんの遊び部屋。イスの下がお気に入り。

日向ぼっこ中。畳の上にも滑り止めのマットが。

フローリングの廊下で滑らないように敷いたマットは、通称「むぎちゃんロード」。

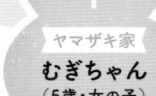

PART

2

ウサギをお迎えする

ウサギを家族として迎えるにあたって、
必要なことをチェックしましょう。
入手方法や選び方、飼育環境の準備、
そして、実際にお迎えしてからの
接し方などについて紹介します。

ウサギを迎える

ウサギの入手方法

自分の目でウサギと飼育環境をチェック

ウサギの入手先にはペットショップ、ウサギ専門店、個人などがあります。それぞれに特徴があり、どこがいいとは一概にはいえません。お迎えしたいと思うウサギに出会えたところが、飼い主さんにとっては最適なところといえるでしょう。

大事なことは、どこで入手するにせよ、**自分の目でウサギや飼育環境をチェックすること**です。気になることがあったら、**お迎えする前にいろいろと尋ねる**ことが大切です。

こんなお店なら安心

- □ ウサギに詳しいスタッフがいて、質問したら答えてくれる。
- □ フード類や用品の品揃えが豊富。
- □ ケージの中や店内がきれいで、嫌なにおいがしない。
- □ ブラッシングなどのケアやペットホテルなどがある。
- □ お迎え後に心配事や疑問が生じたときに相談にのってもらえる。

お迎えの日までに最適な環境を準備する

お迎えするウサギが決まったら、家に連れて帰る日を予約するのが一般的です。その後、予約日までに受け入れの準備をします。ウサギにとって最適な環境を用意してあげましょう。

必要なフードや牧草の種類、用品などは、それまでの飼育環境によって多少違いがあります。特にフードや牧草はなんでもいいわけではないので、今後の入手先も含め、お迎え先で詳しく教えてもらうとよいでしょう。

お迎え後の飼い方の注意点、ケアのしかた（ブラッシングや爪切りなど）、接し方、ウサギに詳しい動物病院、ペットホテルなどの情報なども聞いておくと安心です。

主なウサギの入手先

ペットショップ

ペット全般を扱っているお店。ホームセンターなどの商業施設内にあることも多く、気軽に入店できます。

特徴

- 犬や猫が中心なので、ウサギの数は少なめ。
- 血統書のついていないウサギがほとんど。純血種もいるが、ミニウサギと呼ばれるミックス（雑種）が多い傾向。値段の目安は5,000円〜3万円ぐらい。

ウサギ専門店

スタッフはウサギに詳しく、フードや用品なども充実。ブリーダー（繁殖家）を兼ねている場合も。

特徴

- お店によって違うが、5〜30頭ぐらいのウサギがいる。
- 血統書の付いている純血種のウサギがほとんど。値段の目安はペットタイプで3万円ぐらいから。ショータイプは20万円ぐらいから。

ショータイプのウサギ

顔や耳の形、毛質や色、体の大きさなどがその品種のスタンダード（基準）をクリアしているウサギのことを、「ショータイプ」といいます。ラビットショー（品種別の品評会）で上位入賞を期待できるようなウサギです。

個人

友人・知人などから、飼っているウサギが産んだ子を譲り受ける場合です。親ウサギが見られるので、成長したときの姿も想像できます。

ウサギの Q&A

Q ミニウサギは小さいの？

「ミニでない場合も」

ミニウサギとは品種の違う親同士から生まれたミックス（雑種）のウサギの総称。日本固有のウサギであるジャパニーズホワイト（日本白色種）が大型種だったため、ジャパニーズホワイトよりも小型だったことからついた名称なのです。実際には成長すると中型〜大型（4.5kg ほど）になる個体もあり、人気の小型種が1.2kg 〜 2kg であることを考えると、ミニウサギは決して小さなウサギとは限りません。「ミニ＝小型種」と勘違いしがちですので、注意するようにしてください。

ウサギの選び方

お迎えしたいウサギを見つける

人の好みは千差万別なので、自分に合ったウサギをお迎えするには、**どのようなウサギを迎えたいか考えをまとめてからお店に行く**と、比較的スムーズに探すことができます。

ウサギは個体差も大きいです。お店の人に相談すると個体ごとの性格などを教えてくれるので、ウサギを選ぶ判断材料になります。可能であれば、なでたり抱っこしたりさせてもらいましょう。その時のウサギの反応も、選ぶときの重要なヒントになります。どのような反応を好ましく思うかは飼い主さんによって異なり、おとなしい子を好む人もいれば、嫌がって少し暴れるぐらいの元気な子を好む人もいます。怖がらずに寄ってくる子を好む人もいれば、警戒してケージの奥に隠れる子に惹かれる人もいます。**どのような性格のウサギがよいのか、自分の基準で選ぶ**ようにしましょう。「目が合ったとたん運命を感じた」「一番元気でいいなと思った」など、直感も1つの決め手になります。どのような選び方でも、一生大切に育てることだけは肝に銘じましょう。

どんなウサギをお迎えしたい？

体の大きさ

品種によって成長後の体の大きさは小型（1～2kg）、中型（2～4kg）、大型（4kg以上）とさまざま。大型の場合はケージも大きなものが必要なので、家のスペースも考慮しましょう。

耳の形

品種によって「立ち耳」と「たれ耳」にわかれます。どちらがよいかは好みの問題ですが、たれ耳は耳の中が蒸れやすく、耳あかもたまりやすいので耳の病気に注意が必要です。

毛質

品種によって長毛種と短毛種にわかれます。長毛種は毛が絡まりやすいので、丁寧なブラッシングが必要。短毛種は足裏の毛が薄いので、足裏のケガや皮膚の病気に注意が必要です。

性別

傾向としては、男の子は縄張り意識が強く、甘えん坊でなつきやすいです。女の子は気が強い反面、スプレー行為は少ないですが、病気予防のために避妊手術をすることがおすすめです。

健康状態をチェック

ウサギの健康状態をチェックする目安です。

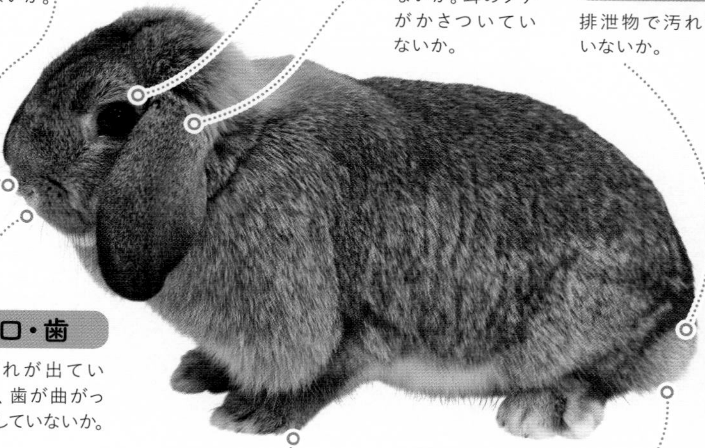

鼻
鼻水が出てたり、乾いてガサガサになったりしていないか。

目
目やにや涙で汚れたり濡れていないか。瞳に傷がないか。

耳
耳の中から変なにおいがしていないか。耳のフチがかさついていないか。

お尻
排泄物で汚れていないか。

口・歯
よだれが出ていたり、歯が曲がったりしていないか。

足
足裏に傷や脱毛がないか。

ウンチ
丸くてコロンとしているか。

ウサギの Q&A

Q 血統書って何?

「純血種の証明書です」

血統書はARBA（アメリカン・ラビット・ブリーダーズ・アソシエーション）形式のものが一般的で、そのウサギと父母、祖父母、曾祖父母の計15頭分の情報（品種名、名前、毛色、体重、賞歴など）が書かれています。いわば純血種であることの証明書なので、繁殖させる場合やラビットショーに出場させる場合には必須です。一方、血統書がないからミックス（雑種）とは限らず、純血種のウサギもいます。ペットとしてお迎えする分には血統書がなくても特に支障はありません。ただし、純血種と思っていたら実はミックスで、子どもの頃とは異なる形で成長したということはよくあります。

飼育に適した部屋作り

目が届く場所にケージを設置する

ウサギは多くの時間をケージの中で食餌をしたり、遊んだり、眠ったりして毎日を過ごします。「狭いケージに閉じ込めておくのはかわいそう」と思う人もいるかもしれませんが、見ていない時に部屋の中で**放し飼いをすると脱走したり、ケガをしたりなどのリスク**があります。また、入院やペットホテルに預ける際に、放し飼いのウサギは環境の変化とケージの中に閉じ込められるストレスで食餌をしなくなることがあります。ウサギが安心して暮らせる場所として普段からケージに慣らしておくことも大切です。

ケージは**飼い主さんの目が届く場所に置きます**。空き部屋や家の中の奥まった場所などにケージを置くと、ウサギに異変が起きたときに気づくのが遅くなりかねません。飼い主さんや家族が出入りし、その声や生活音がほどよく聞こえてくるような部屋の中で、家族の一員になったウサギを見守りましょう。

住居別・ケージを置く場所

ひとり暮らしのワンルーム

壁際にスペースを確保

ワンルームの広さは6～9畳ぐらい。そのうちの壁際の半畳～1畳分ぐらいをケージのスペースとして確保。

2人以上で住む2DK・2LDKなど

リビング、ダイニングに設置

複数の部屋がある場合は、個人の部屋ではなく、みんなの目が届くリビング、ダイニングに設置を。

2階や3階がある住宅

壁際にスペースを確保

階段からの転落を防ぐため、1階に設置を。2階にリビングがあるなどの場合は階段前に柵を設置して転落防止を。

ウサギに最適な部屋の環境

電源コードに注意

壁際に沿わせた電源コードをかじったり、オシッコを飛ばしたりすることがあります。感電の危険があるので、コードやコンセントのない場所に設置を。

壁際に置く

2面を壁で囲まれているところにケージを置くのが理想的。

日が直接当たらない場所がいい

日当たりのよい明るい部屋が最適だが、太陽光が直接当たる場所にはケージを設置しないように。

室温を15 ～26度に保つ

ウサギが快適と感じる温度は15 ～26度、湿度は40 ～60%。夏や冬はエアコンなどで温度調整を。ただし、エアコンなどの風が直接ケージに当たるとストレスになることもあるので注意。

音がうるさい場所は避ける

テレビやオーディオ機器のそば、人が頻繁に出入りする出入口付近、道路沿いの窓際などは避けましょう。

寒さ対策、暑さ対策

- 寒い時期は外壁側の壁際は冷え込むので、ケージを内側に移動させて壁際から十分離すように。
- ウサギ用のヒーター、ひんやりボードなどを使ってみるのもおすすめ（P.79）。

ケージを選ぶ

ウサギにとって最適なケージの広さ

ケージ選びでもっとも大切なことは、**ウサギがストレスを感じない広さのケージを選ぶ**こと。個体により必要な広さは変わってきますので、以下の表を参考にしてください。

迎えた時は小さくても、あっという間に成長してしまいますので、**大人になったときを考えた大きさのケージを用意**するといいでしょう。とはいえ、ワンルームなど人の居住スペースの問題もあります。最低でも横幅60㎝（約2,500㎡）のケージを用意し、部屋の中で十分散歩させ、運動不足にならないようにしてください。ケージの中に入れるアイテム（P.76～）で工夫することも大切です。また、ケージの高さは、立ち上がっても耳が天井に届かないくらいが目安です。

予算は1万円～2万円前後を目安に。

最低限の飼育環境

下の表は、実験動物へストレスを与えない飼育環境を研究したデータに基づく数字です。3kg未満のウサギの場合、床面積は3,500㎠、高さはウサギが立っても十分な空間のある45㎝が求められます。

ケージを選ぶときは、この数字に近い床面積のものを選ぶとよいでしょう。床面積は、ケージの幅（W）と奥行き（D）をかけ算すればわかります。例えば、幅62㎝、奥行き50㎝であれば、床面積は3,100㎠です。

ウサギの体重	床面積（㎠）	高さ（㎝）	ロフトの広さ（㎝）	ロフトの高さ（㎝）
3kg未満	3500	45	55×25	25
3kg以上5kg未満	4200	45	55×30	30

参照：EUの実験動物保護指令（欧州連合における科学的な目的のために使用される動物の保護に関する取り決め）

ウサギのQ&A

Q ロフトは必要？

「導入は慎重に」

ケージにはロフトが付いているものもありますが、使用については慎重に検討してください。老齢ウサギにはケガの原因になりかねないので、使用を控えることをおすすめします。また、若いウサギでもケガのリスクを伴います。

ケージを選ぶためのポイント

安全・快適に過ごしてもらうために、最適なケージを用意しましょう。

扉の位置をチェック

ウサギが自分で出入りすることができる正面の扉のほかに、天井にも扉があると便利。留め金具がウサギを傷つけない素材かもチェック。

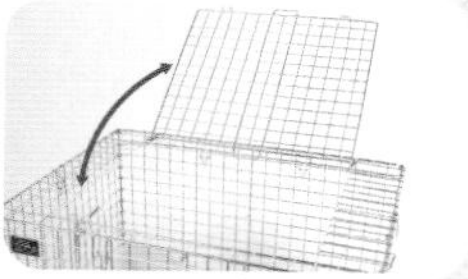

衛生的な素材

ステンレスコーティングされたケージは、丈夫で清潔ですが、尿や水分で劣化してしまうこともあります。このため定期的なお掃除が必要です。

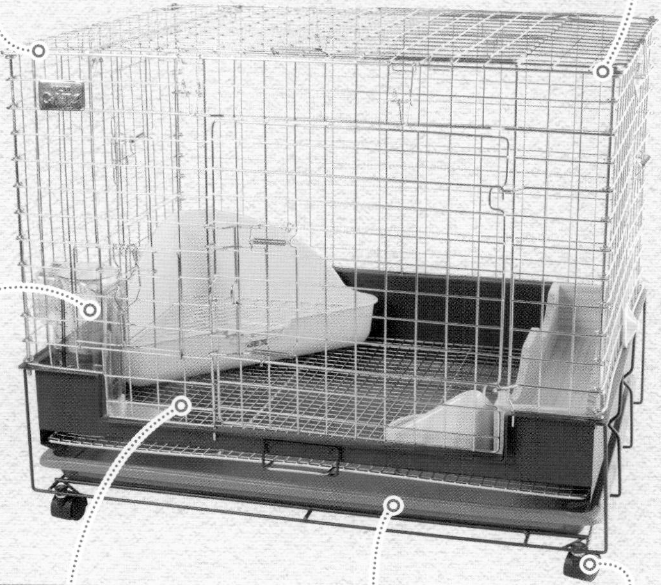

小窓は便利

水や牧草を取り替えるための小窓付きが便利。逃げることを心配せずに、日々のお世話ができます。

足裏を清潔に保つ床

床部分は金網。オシッコや盲腸糞が下に落ちるので清潔。その上に牧草などを敷き詰めて掘れる状態と体を休められる場所を作ります。牧草は頻繁に交換しましょう。足裏のトラブル予防にも効果的（P.70）。

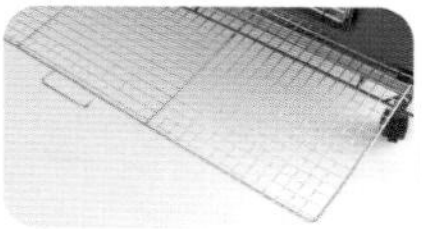

引き出し式が楽チン

底に引き出し式のトレイがあると、食べこぼしやフンなどのお掃除がしやすくなります。

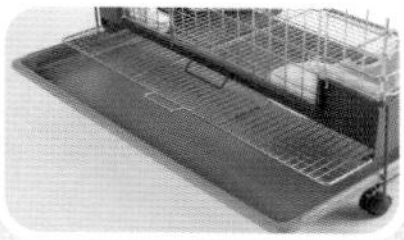

キャスター付き

ケージを簡単に移動できるのでケージ下のお掃除などにもとても便利です。

ケージのセッティング

給水器やトイレなどをケージにセット

ケージを部屋の中に設置したら、次はウサギが快適に過ごせるように必要な用品をケージにセットしましょう。**まず必要なのは、ペレットを入れる食器、牧草入れ、給水器、トイレ、ハウスです。**

トイレについては、トイレがあるからといって最初からウサギがそこで用を足してくれるわけではありません。トイレを覚えさせる方法（P.118）がありますので、ウサギをお迎えしたら試してみましょう。

床は「金網」がおすすめ

ウサギ用のケージの床は、プラスチックや木のスノコ、金網などさまざまな素材がありますが、**おすすめは金属製の金網**です。丈夫で通気性がよく、水をこぼしたりオシッコやフンをしたりしても金網の下（トレイ）に落ちるので衛生的です。**金網の上には牧草を敷いたり、牧草でできた座布団やマットを敷いたり**することで、足裏への負担を減らすことができます。

頻繁に水をこぼしたり、トイレ以外の場所で排泄をしたりするウサギの場合、こまめに掃除をして清潔を保ってください。水気があると足裏が濡れて不衛生なだけでなく、足裏の毛が抜けて炎症を起こす「ソアホック」（P.177）という病気にもなりかねません。金網ごと洗う、汚れを拭き取る、汚れた場所の牧草を取り換えるなどして、衛生的な環境を維持しましょう。

プラスチックのスノコは割れやすく、割れたところに爪をひっかけるケガの不安があり、木のスノコは汚れが落ちにくく、ささくれでケガをするリスクがあります。しかし、**ウサギの種類によってはプラスチックや木のスノコがよいということ**もあるので、お店の人に相談するとよいでしょう。個体ごとに適切な床を選ぶことが大切です。

ウサギのQ&A

Q 飼育環境をUPさせるコツは？

「ウサギの本能を満たしてあげましょう」

ウサギが快適に過ごすためには、ウサギの特性を知り、ストレスのない環境作りをすることが大切です。たとえば、床面には牧草を深く敷き詰めることで、ウサギ本来の「掘る」「潜る」「かじる」行動を満足させることができます。ウサギが登る「見晴台」を設置したり、隠れることのできる場所を用意することもよいでしょう。飼育環境を向上させることは、ウサギの幸せと健康維持につながります。

※環境エンリッチメントについては6ページ。

環境エンリッチメントを意識したセッティング例

床材

敷き詰められた牧草は、掘ったり潜ったりする遊び場になります。本能的な行動を促すことで、ストレスの少ない飼育環境を実現することができます。また、やわらかい床材は、体を休める場所としても最適です。ただし、汚れた牧草は頻繁に交換が必要です。衛生的な環境を保って病気を予防しましょう。

ハウス（巣箱）

ハウスの上は見晴台となり、登ることでウサギの不安が軽減されます。また、ハウスの中は恐怖を感じたときに安心して隠れることのできる場所になります。
ただし、高い場所に飛び乗ったり飛び降りたりすることは骨折のリスクもあるため、注意が必要です。

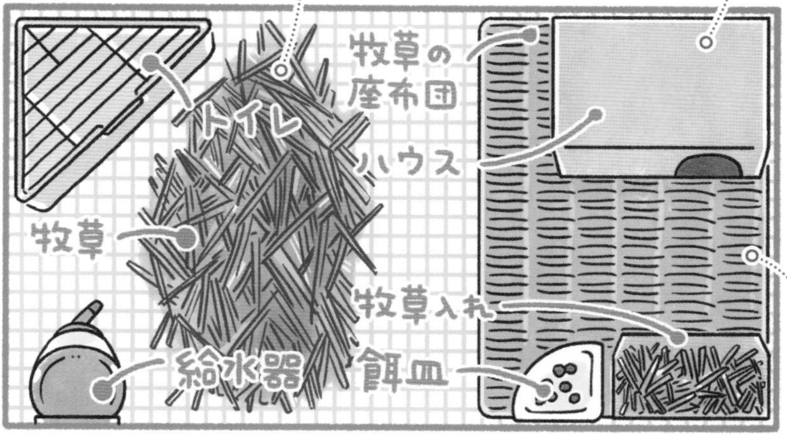

ケージの天井は、ウサギが立ち上がれるくらいの高さが必要です！

牧草の座布団

異なる素材の床材を敷くことで、足裏への負担を分散させ、ソアホックを予防してくれます。

ケージに入れるそのほかのもの

おもちゃ

「かじる」「もぐる」「掘る」などを楽しめるおもちゃも必要（P.75、P.134）。

目隠し用布マット

ウサギは狭いところに隠れるのが大好きで、落ち着きます（P.75）。

床用マット

床を掘りたい欲求を満たすウサギ用のマットもおすすめ（P.77）。

食器、牧草入れ

ペレット用の食器は安定感のあるものを

ペレットを入れる食器の材質は陶器、プラスチック、ステンレスなどがありますが、**安定感があってひっくり返されないものを選ぶ**ようにします。陶器のものは重量があるので安定感があります。プラスチックやステンレスのものは、ケージに固定できるものなら安定するのでおすすめです。

食器の高さはウサギが食べやすい高さのものがよいのですが、使ってみないとわからないので、お迎えしてから食べているところを観察して調整しましょう。

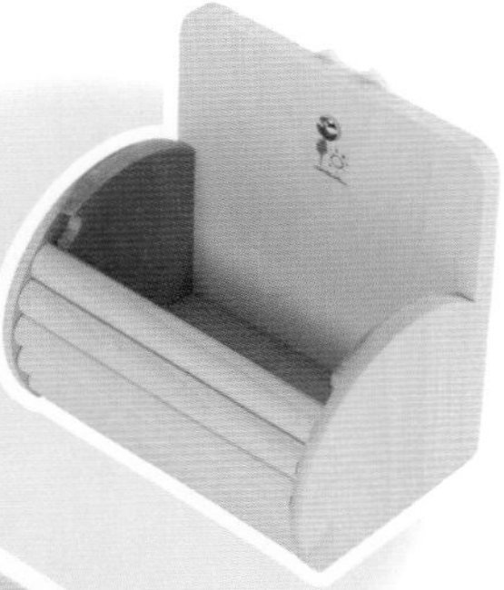

牧草入れ
シンプルな牧草入れ。食べやすい形状だが、牧草が散らかりやすいことも。

食器
コーナーに収まりやすい扇状の食器。ほかにもいろいろな形があります。

牧草入れはしっかり固定を

牧草はウサギの主食です。歯の伸びすぎを防ぐ役割もあるので、**いつでも食べられるように常にケージの中にある状態**にします。牧草入れは、牧草がたくさん入ってひっくり返されないように、ケージに固定できるものがよいでしょう。

シンプルな作りのものから、牧草が落ちないようにストッパーがついているものなど、いろいろな形状のものがあります。最初はシンプルなものを選び、様子を見て必要なら別のものと交換すればよいでしょう。

牧草入れの種類

据え置き型（木製）
- ○ 牧草が下に落ちにくい、かじってもOK
- × 木をかじるとささくれが危険

据え置き型（陶器）
- ○ 牧草が下に落ちにくい、かじられることがない
- × 固定しないと倒して割ってしまう

吊るしタイプ
- ○ ケージ内の空間を広く使える
- × 細かい牧草が下に落ちる、まれに登ろうとする子がいる

給水器（給水ボトル）

水は給水器から飲ませるのが主流

水の入った食器を床に直接置くと、ウサギにひっくり返される可能性が高いです。ケージに取り付けるタイプの給水器から飲ませるようにしましょう。専用のボトルに水を入れて使いますが、商品によっては飲料が入っていたペットボトルなどを利用できるものもあります。飲み口は、ノズルタイプのものと受け皿タイプの2種類。ノズル式は水詰まりがわかりにくく、飲む体勢がウサギの頸椎《けいつい》の負担になる場合があるので、受け皿式がおすすめです。

また、ケージ内にボトル部分を取り付けるタイプと、ケージ外に取り付けるタイプがあります。ケージ外に取り付けるタイプはボトルの水の交換が楽で省スペースです。どちらにせよ、ケージの金属部分の形状によっては取り付けられない商品もあるので、よく確認してから購入しましょう。

飲み口の形

ノズルタイプ

受け皿タイプ

ボトルの取り付け位置

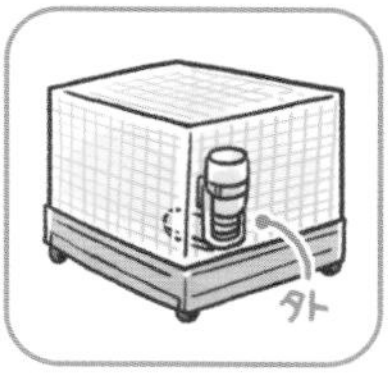

ケージ外

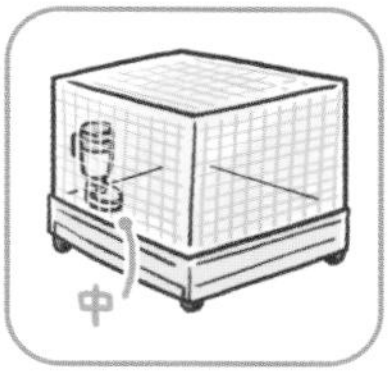

ケージ内

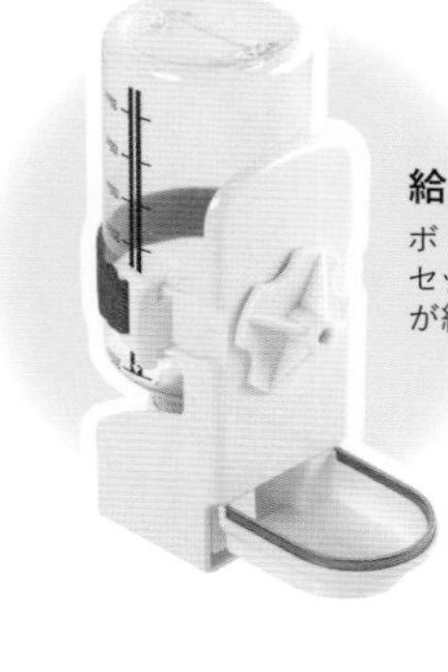

給水器（吸水ボトル）
ボトルの中に水を入れてセットすれば、お皿に適量が給水されるしくみ。

ウサギのQ&A

Q ミネラルウォーターがいいの？

「水道水でOK」

給水器のボトルに入れる水は水道水で大丈夫です。塩素が含まれていることを心配する人もいますが、微量なので影響はないと考えられています。それよりも毎日新鮮な水を入れ替えてあげる方が重要。心配であれば、浄水器を使うとよいでしょう。ミネラルウォーターは人間用に成分が調整されていて、ウサギに与える影響についても不明な点があるので、与えない方が無難です。

トイレ

トイレはトイレ砂を敷いて使う

ウサギはトイレを覚えることができるので、快適に使えるトイレを用意してあげましょう。**ウサギのトイレの特徴は専用のスノコがついていること**です。ウサギがその上で排泄するとスノコの下に落ちるので、**足裏の汚れを防ぐ**ことができます。

材質はプラスチック製、陶器製が主流です。プラスチック製は値段が安く、軽いので扱いやすいですが、尿石がつきやすいです。陶器製は傷つきにくいので衛生的ですが、重くて扱いにくさがあります。ずれないように安定感があるのは陶器製ですが、ケージに固定できるプラスチック製はウサギがひっくり返す心配がないので安心です。

形は三角形のものと四角形のものがあります。使いやすいのはケージのコーナーに置ける三角形のものですが、四角形の方がサイズは豊富です。ウサギの体の大きさによって選んであげるとよいでしょう。

トイレはトイレ砂を敷いて使います。トイレシーツを使用する場合は、食べてしまわないように注意が必要です。どちらも吸水力と消臭力があり、清潔を保つために必須です。

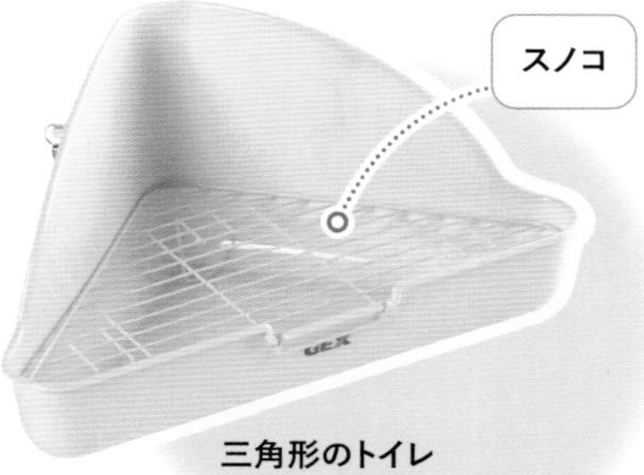

三角形のトイレ

三角形のトイレはケージのコーナーに収まるので省スペース。背面が高くなっていると、オシッコの飛び散りが防げます。

トイレ砂

オシッコを素早く吸収し、においを抑えてくれます。毎日、交換が必要。

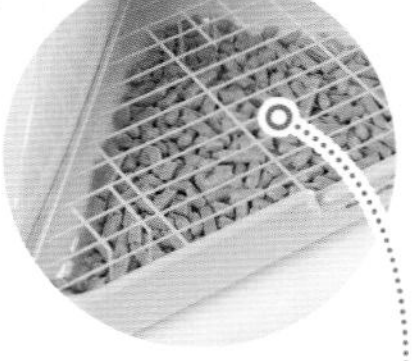

トイレ砂はトイレに敷き詰めて使います。

トイレ砂を食べてしまうことがあるので注意。

尿石クリーナー

ウサギの尿はカルシウム成分が多いため、トイレに茶色いシミ（尿石）がつくことが。クエン酸で落とす方法（P.121）もあるが、クリーナがあると便利。

おもちゃ

ウサギの本能を満足させるおもちゃを用意

ケージは1日中ウサギが暮らすところですから、おもちゃも必要です。いろいろな役割を持つおもちゃがあり、ウサギの好みもあるので、少しずつ試してみるとよいでしょう（P.134）。

ウサギはモノをかじるのが大好きなので、**「かじっても安全であること」がおもちゃの必要条件**です。そのため、**牧草の一種であるチモシー**でできているものが多いです。「ウサギ用」と表示されている、安全なおもちゃを用意してあげましょう。「かじる」おもちゃは、プラスチック製だとかじって破片を飲み込む危険があるので、与えないようにします。ぬいぐるみは、プラスチックのボタンやパーツの付いているものは避け、中綿が出ていないかを常にチェックするようにしてください。

なお、おもちゃをたくさんケージの中に入れてしまうとケージ内が狭くなってしまいます。ある程度絞って与え、反応を見て別のおもちゃと交換するなどしましょう。

「部屋んぽ」（P.132）のときにおもちゃを置いてあげると、部屋での遊びも充実します。

「かじる」を楽しむおもちゃ

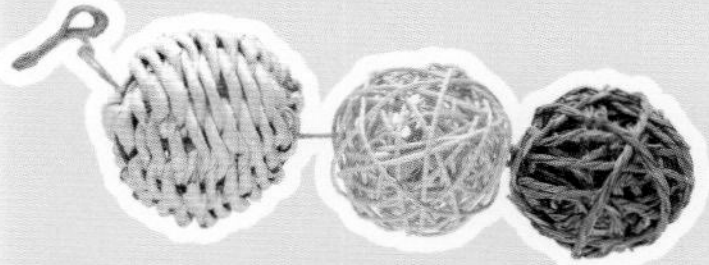

チモシーなどで編まれたボール

ケージの側面に吊らしたり、床に転がしてカジカジを楽しむ。

「もぐる」「隠れる」を楽しむおもちゃ

トンネル

ジャバラになっているので、広げると長いトンネルの中を走ったり隠れたりして遊べるおもちゃ。

「掘る」「隠れる」を楽しむおもちゃ

目隠し用布マット

床に敷いたり、付属のひもでケージに取り付けて使うマット。ホリホリしたり隠れたりして、楽しんでもらうおもちゃ。

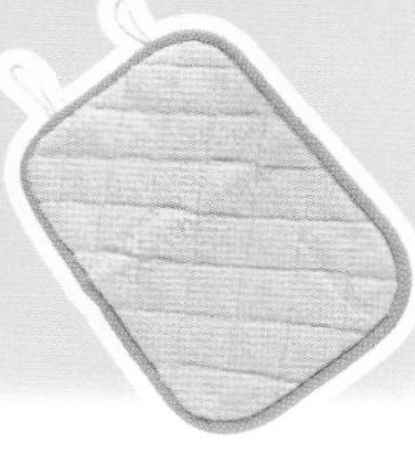

「フード探し」を楽しむおもちゃ

フードが入れられるおもちゃ

転がしたりして遊ぶと、穴の中に隠したフードが出てくるおもちゃ。

ハウス

ハウスなどの隠れ家になるものを必ず設置

ウサギは潜ったり何かの陰に隠れるのが好きです。ケージ内に潜れるものや隠れることのできるハウス（巣箱）を置いてあげると、**安心できる隠れ家**になり、そこで眠ったりくつろいだりする姿が見られます。また、警戒心の強いウサギは見晴らしのよいところを好むので、ハウスの上に登ったりもします。

ウサギの生活の質（QOL*）を高めるために、ハウスの設置は必須です。ハウスは場所を取るため、**できる限り大きなケージを用意**してウサギが動き回れるスペースを確保しましょう。ハウスの上に登って転落し、骨折するリスクもゼロではありません。床に牧草を敷き詰めてクッション代わりにするほか、場合によってはハウスの上に登れないような工夫をするなど、リスクを抑えた快適な環境を心がけましょう。

ハウスを置いた方がよいケース

- □ ウサギを飼い始めて間もない
- □ 小さい子どもやほかのペットがいて、大きな音がしょっちゅうする
- □ 車や電車の音がよく聞こえてくる
- □ ウサギが臆病な性格
- □ 多頭飼育をしている

など

* QOL：quality of life

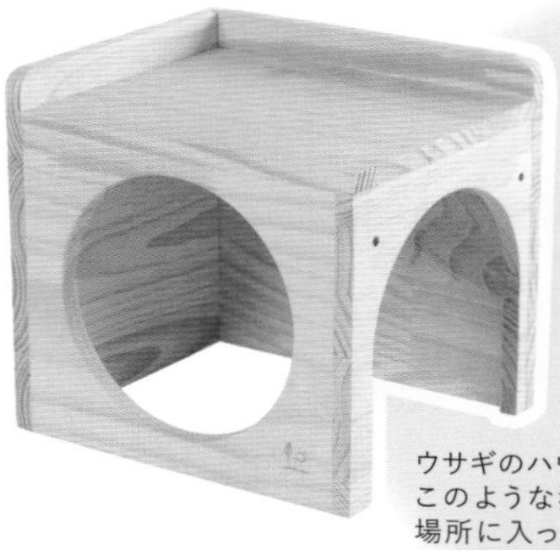

ウサギのハウス。このような狭い場所に入って隠れるのがウサギは大好き。

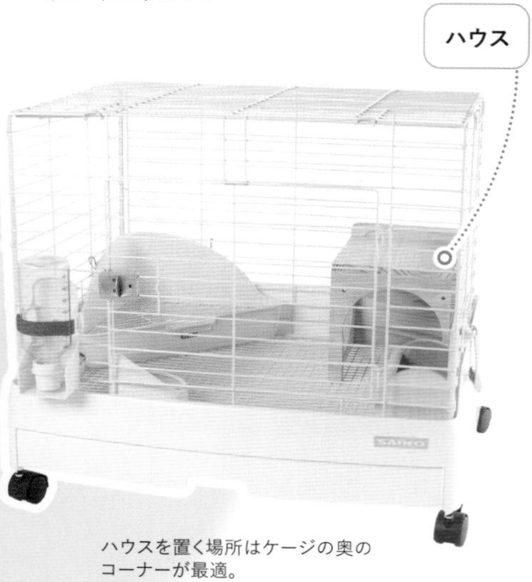

ハウスを置く場所はケージの奥のコーナーが最適。

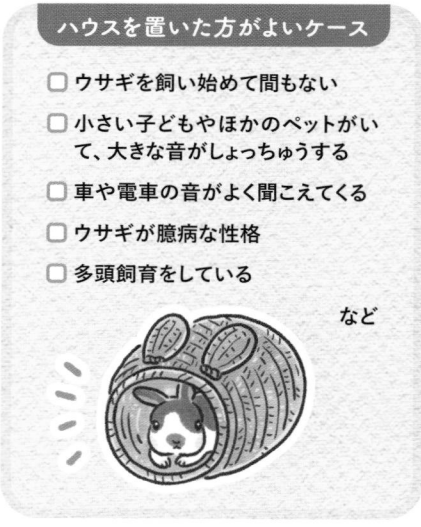

マット、床材

ウサギの掘りたい欲求はマットで解決

ウサギの足裏を守るため、ケージの床は金網になっています。そのためウサギが好きな「**掘る**」「**引っかく**」といったことができません。そこで**本能の欲求が満たされるように、ウサギ用のマット**を金網の一部に敷いてあげましょう。よろこんでホリホリすれば、ストレスも軽減されます。

チモシーで編まれたマット
チモシー（牧草の一種）でできたマット。ウサギの掘りたい欲求を満たしてくれるうえ、かじっても大丈夫。おもちゃとしても使える一品。

布のマット
吸水力と速乾性を兼ね備えたマット。オシッコをしてしまっても表面はサラサラ。ウサギの掘りたい欲求も満たしてくれます。

足裏に負担をかける部屋の床材に注意

部屋んぽとは、ウサギをケージから出して部屋の中で遊ばせること（P.132）ですが、**フローリングの床の上を走ったり、ジャンプしたりすると足裏や関節に負担**がかかります。ウサギの足裏は、肉球の代わりに足裏を覆う毛がクッションの役割を果たしていますが、フローリングの滑りやすさは問題です。足裏に負担がかかり、足裏の毛が抜けて炎症を起こすソアホックという病気（P.177）を起こすことがあります。できれば、滑り止めのついたペット用のカーペットを利用するのがおすすめです。また、床の一部だけでもやわらかい素材の床材を敷いてあげると足裏への負担が軽減します。

ウサギ用カーペット
吸水性がよく、足裏にもやさしいカーペット。部屋の中だけでなく、ケージの床の一部に置いてあげるのもおすすめ。

部屋の中でウサギがよく通る場所などに何枚か敷いてあげると効果的。

ケージの床に置くパターン。底冷え防止効果も。

ゆっくり揃えたいもの

ケア用品から徐々に揃えていく

必要なウサギ用品はたくさんあるので、ウサギの様子を見ながら少しずつ揃えていくとよいでしょう。

比較的早く揃えたいのは「ケア用品」です。ブラシ類は、ウサギの品種によって使用するものが異なるので、ウサギをお迎えするお店で尋ねてみるとよいでしょう。

ケア用品

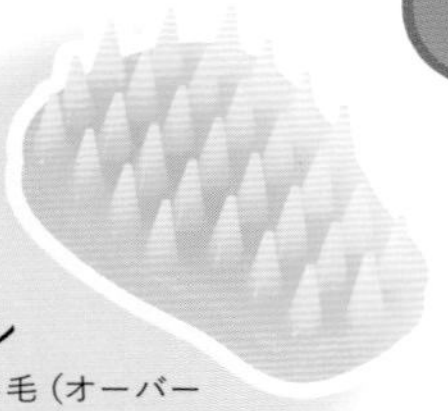

ラバーブラシ

表面のかたい毛（オーバーコート）と皮膚に近いやわらかい毛（アンダーコート）のムダ毛を取るブラシ。マッサージ効果もあり。

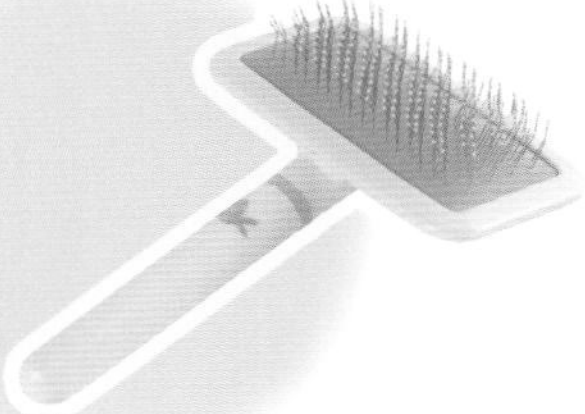

スリッカーブラシ

細い針金でできたブラシ。皮膚に近いやわらかい毛（アンダーコート）の抜け毛を取り、毛の流れを整えます。また、毛に付いた汚れを落とすことにも使用します。

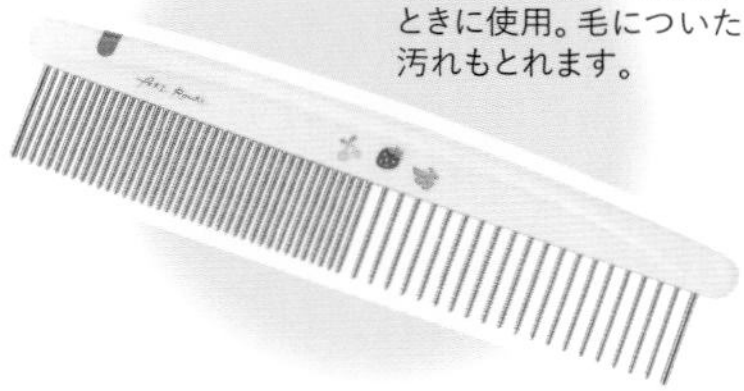

コーム（くし）

ムダ毛を取り除いたり、絡まった毛をほぐしたいときに使用。毛についた汚れもとれます。

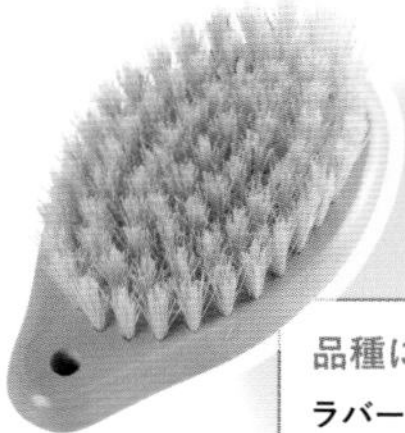

豚毛ブラシ

ブラッシングの仕上げに使用するブラシ。毛並みにそってブラッシングすることで毛にツヤを出します。

品種によるブラシの使い分け例

ラバーブラシ：主に短毛種に使用
スリッカーブラシ：短毛種、長毛種ともに使用
コーム：主に長毛種に使用
豚毛ブラシ：短毛種、長毛種ともに使用

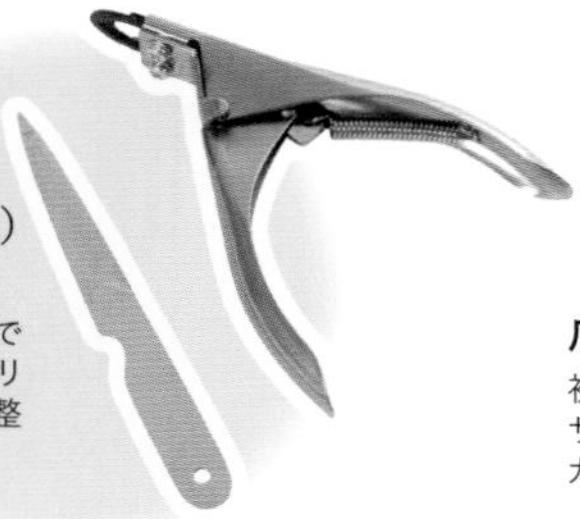

爪切り（ギロチン型）とヤスリ

ギロチン型は軽い力で切れるのが特徴。ヤスリは爪切り後に爪先を整えるのに使用。

爪切り（ハサミ型）

初心者でも使いやすいハサミ型。ウサギの爪の形状に合わせて刃先がカーブしています。

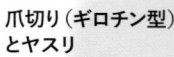

部屋んぽ、うさんぽ用品

サークル

部屋んぽの際に使うほか（P.139）、ケージの掃除でウサギを外に出すときに使うと安心。

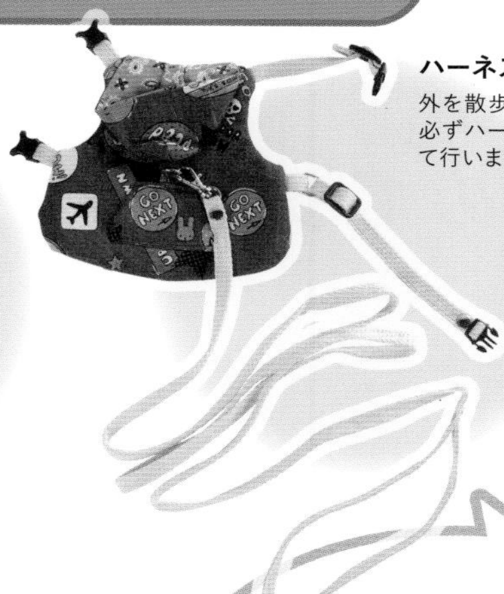

ハーネスとリード

外を散歩する「うさんぽ」は必ずハーネスとリードをつけて行います。

ウサギ専用のハーネス。ベストタイプとひもタイプの2種類がある。これは、ハーネスとひもの融合型。

point

洋服風にデザインされマジックテープでとめられるものや、紐だけでしっかりと固定するものなどさまざま。ウサギの種類（毛の長さや体の大きさ）などに合わせて、動きやすいものを選びましょう。

暑さ、寒さ対策用品

エアコンで、ケージの場所が十分に涼しいあるいは暖かい部屋なら不要です。

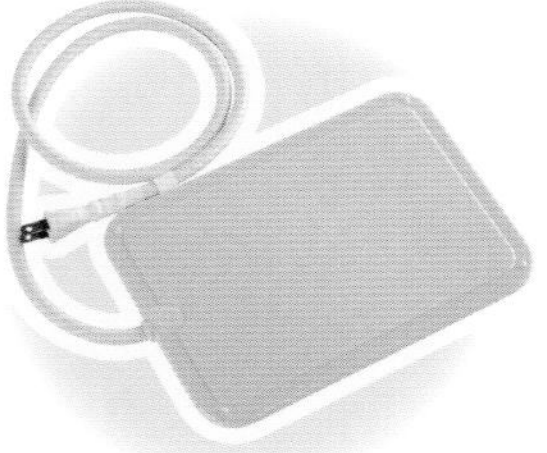

ヒーター

ケージの床上に置くウサギ用ヒーター。ウサギはその上にのって暖をとることができます。

素焼きの
ペットボトルカバー

水を入れて凍らせたペットボトルを入れるテラコッタ（素焼き）製カバー。結露せずに全体がひんやり冷えます。

アルミ製のスノコ

アルミの冷却効果を利用したボードで、ケージの床上に置いて使用。その上にのってウサギが涼をとります。

衛生用品

除菌消臭剤
（ウサギ用）

トイレやおもちゃなどの除菌・消臭には、動物がなめても大丈夫な成分でできた除菌消臭剤が便利です。ウサギの肌や人体にも影響を与えず無害なので、ブラッシング時にも便利（P.108）。

キャリーについては P.130

飼い始めの接し方

初めてウサギを迎えたら

1週間はケージ越しに見守る

　待ちに待ったウサギのお迎え。早速抱っこしたり、なでたりしたいところですが、新しいお家は**ウサギにとっては未知の世界**。部屋やケージの環境が変わって接する人も変わるため、緊張したり、興奮したりする子も少なくありません。1週間ほどすれば新しい環境に慣れてくるので、**それまでは最低限のお世話（食餌、水、トイレ）だけ**にしてケージ越しに見守りましょう。

　ストレスから体調をくずすウサギもいます。**フードや牧草を食べない、下痢をしている**などの症状が見られたら、迷わず動物病院を受診しましょう。

お迎え直後のNG行動

お迎えしたばかりのウサギが嫌がること、戸惑うことはしないようにしましょう。

- ✕ 急に抱っこする（やむを得ない場合は除く）
- ✕ ケージの中に手を入れて執拗に体を触る
- ✕ 大きな声や音を出す
- ✕ 接近して写真を撮る
- ✕ ケージから出して長時間自由にさせる

ウサギが寄ってくるまで待つ

　ウサギは一緒に生活しているうちに徐々に慣れてくれます。最初から飼い主さんのところに寄ってきてすぐになつく子もいますが、ゆっくり時間をかけてなつく子の方が多いです。それまで飼い主さんは、「**ウサギが嫌なことをしない人**」になりましょう。

「嫌なことをされない」とウサギが飼い主さんを認識してくれれば、自ら寄ってくるようになります。そうしたら、おやつを手渡ししたり、頭をやさしくなでたりしてあげましょう。**寄っていっても嫌なことをされない、むしろいいことが起こる**とわかれば、飼い主さんへの「安心」が生まれ、両者の距離が縮まっていくことでしょう。

お迎えから1週間の過ごし方

お迎え当日

すぐにケージに入れる

ストレスを与えないため、家に着いたらすぐにケージに入れましょう。フードや牧草、新鮮な水、トイレや隠れることのできるハウスをセットしたら、あとはそっとしておきます。

2〜3日目

声かけをしてみる

「おはよう」「元気かな?」など、やさしく声をかけます。フードや牧草、水の交換、トイレの掃除は、ウサギが起きている早朝か夕方頃に。

4〜6日目

おやつをあげてみる

ケージの外から声をかけ、寄ってきたらおやつを手渡しで少量あげましょう。ケージ越しに頭をやさしくなでてあげてもよいでしょう。

7日目以降

ケージの外に出してみる

新しい環境に慣れて落ち着いたようなら、ケージの外に出してみましょう。自由にさせますが、目は離さないように。寄ってきたらなでたり、抱っこしたりしてもよいでしょう。最初は10分ぐらいから始め、少しずつ時間を延ばして慣らします。

部屋の中は危険がないようにしておきましょう(P.138、P.140)。

ウサギが慣れるまでのStep UP

❶ 環境に慣れさせる(ケージやお部屋に) ➡ ❷ スキンシップとして安心できるケージの中でなでる(P.122) ➡ ❸ 部屋に慣れてもらうため、ケージの外を「部屋んぽ」させる(P.132)

❹ スキンシップとしてケージの外でなでたり触れたりする ➡ ❺ 抱っこに挑戦(P.126) ➡ ❻ 抱っこができるようになったら、ウサギを抱っこした状態でケージから出したり戻したりする

ウサギを多頭飼いするときは

ケージは1頭に1つ、避妊・去勢手術も

ウサギと生活しているうちにもう1頭ほしくなる人も少なくありません。同種の個体が同じ空間にいることでストレスの軽減にもなりますが、**ウサギの多頭飼いは難しいといわれています**。ケンカや望まぬ繁殖などのリスク、相性や環境によるストレス過多などがあるからです。しかし、しっかりと対策を講じれば不可能ではありません。

まず、ウサギたちを一緒にするのはケージ外で遊ばせるときだけにします。ケージは必ず1頭に1つ用意し、ほかのウサギを気にせずに安心して過ごせるようにしましょう。

性別による組み合わせによっては、**避妊・去勢手術が必須**です（P.180）。望まぬ繁殖を回避するとともに、男の子の去勢は攻撃的な行動を抑制する効果も期待* できます。

*去勢手術をすることで、ウサギの性格が変わるわけではありません

一緒に遊ばせるときの前提条件

- □ お迎えした子が新しい環境と飼い主さんに慣れている
- □ 避妊・去勢手術がすんでいる（女の子同士の場合は除く）
- □ 感染症にかかっていない

「先住ウサギが上」という上下関係を堅持

ウサギ同士には上下関係がありますので、飼い主さんはそれを尊重した接し方をしましょう。食餌やグルーミングなどのお世話、室内でのお散歩（部屋んぽ）などは、**まず先住ウサギから行う**ようにします。新しくお迎えした子はそれを見て扱いの違いを知り、「あっちが先輩。先輩が先で、自分はその後」と学ぶようになります。

これが逆になったり、飼い主さんが新しい子ばかりにかまったりしていると、先住ウサギにストレスを与え、食欲不振、軟便・下痢などの体調不良を引き起こしたり、気性が荒くなったりすることがあります。これを「**お迎え症候群**」と呼んでいます。

性別の組み合わせと相性

男の子同士

男の子は縄張り意識が強いのでケンカが起こりがち。ケガをしたり、最悪死んでしまうこともあり得ます。攻撃性を弱めるため去勢手術を受けさせましょう。手術をしても攻撃性が弱まらない場合もあるので、ケンカをするなら一緒に遊ばせないようにします。

＼ケンカしやすい／

男の子と女の子

ウサギは生後4～5カ月になると妊娠が可能になります。交尾すると排卵する交尾排卵動物なので妊娠率は高く、交尾も一瞬で終わってしまうため、気づかぬうちに妊娠してしまうケースも。繁殖を望まないなら、避妊・去勢手術は必須です。

＼避妊・去勢手術が必須／

女の子同士

ケンカをすることは少なく、妊娠の心配もありません。多頭飼いしやすい組み合わせといえますが、中には激しいケンカをしたり、マウンティングが見られるケースもあります。相性が悪い場合は、一緒に遊ばせないようにしましょう。

＼多頭飼いしやすい／

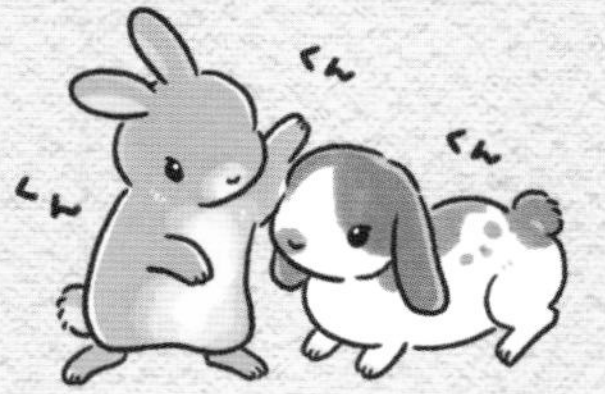

2頭の会わせ方

ケージ越しに対面させる

ケージを近づけて対面。おびえたり、興奮したりしないか、よく観察を。これを何度か行い、互いに慣れさせます。

ケージから出して対面

先住ウサギをケージから出し、落ち着いたところでお迎えした子を出します。最初は10分程度から始め、徐々に時間を延ばします。目を離さずに見守り、危険を感じたら、すぐに離しましょう。

先住ペットとウサギと暮らす

ペット化した犬や猫との同居は可能

ほかの動物をエサとして捕食する動物のことを「捕食者」といいます。**犬や猫、フェレットなどは捕食者**です。一方、草食動物のウサギは捕食される側の動物です。理屈からいくと、ウサギと捕食者である動物は相性が悪く、一緒に暮らすことは難しいです。

しかし、捕食者であっても、ペットとして飼われている犬や猫となると、同居ができないわけではありません。ウサギはケージの中で飼育しますから、犬、猫がおだやかな性格だったり、しつけができていたりすれば、同居は可能です。ただし、おだやかな性格の先住ペットでもウサギの方が先住ペットを襲ってしまうなど、**不測の事態が起こることもありますので、十分注意することが必要**です。

同居は可能でも一緒に遊ぶのは難しい

ほかのペットとの同居は可能でも、ケージから**ウサギを出して一緒に遊ばせることができるかというと、それは別問題**です。ほかのペットと仲よく遊んでいるケースもありますが、ほかのペットがウサギを突然襲うということが無いとは断言できません。そもそもウサギは骨が弱く、比較的華奢《きゃしゃ》な体つきです。体が頑丈で力も強い**ほかの動物と遊ばせているうちに、ケガをする**こともあります。また、おだやかな性格の先住ペットでも不測の事態が起こることもあるため、そうしたリスクを考えると、一緒に遊ばせることは控えた方が無難です。

それでも一緒に遊ばせたい、一緒のところを写真に撮りたいということもあるかもしれません。その場合は、**目を離さずに見守り、危険を感じたらすぐに双方を離す**ようにしましょう。

ウサギをお迎えした直後はケージにほかのペットを近づけないようにします。ウサギが新しい環境に慣れたら、ケージ越しに離れたところから対面。時間をかけ徐々に距離を近づけて互いに慣れるようにしましょう。

ウサギと同居するときの注意点

犬

犬は捕食者ですが、しつけのできている犬なら同居は可能。ウサギをケージから出して部屋の中で遊ばせているときは、犬は別室に入れて近づけないように。

猫

猫は捕食者ですが、おとなしい猫となら同居は可能。ウサギをケージから出して部屋の中で遊ばせているときは、猫を猫用のケージなどに入れて近づけないように。

小鳥

互いに捕食者ではないので、一緒に暮らせます。ただし、大きな声で鳴く小鳥の場合はウサギにとってストレスになり、小鳥の品種によっては適温・適湿がウサギと異なるので、別室での飼育となります。

フェレット

フェレットは動くものを追いかける習性があります。ウサギをケージから出して遊ばせるときは、フェレットをフェレット用のケージなどに入れて近づけないように。

モルモット

互いに捕食者ではありませんが、ウサギが保菌している「ボルデテラ菌」にモルモットが感染すると、重い呼吸器症状で命を落とすことがあります。同居は避けた方が無難。

ハムスター

どちらも捕食者ではないので一緒に暮らせます。ただし、ウサギの方が体が大きく、ハムスターを蹴飛ばしてしまう可能性もあるので、一緒に遊ばせるのは避けた方が無難。

うさコラム

動物病院を探そう

街を歩いていると動物病院に出くわすこともありますし、インターネットで検索すればたくさんの動物病院を見つけることができます。ウサギが体調を崩しても動物病院がたくさんあるので安心と思われる方も多いかもしれません。

しかし、現実はウサギを診療できる動物病院は意外と少なく、体調を崩してから探していたのでは手遅れになってしまうこともあります。ウサギとの暮らしを始めるなら、ウサギをしっかり診察できる動物病院を見つけておくことも大切です。

獣医大学では、産業動物としての牛や豚、鳥などと、愛玩動物として犬や猫などのことを主に教えています。ウサギは犬や猫とは体のしくみや習性が異なります。このため、犬、猫とは異なる適切な治療が必要となるわけですが、獣医大学ではその多くを教えてくれません。ですから、獣医大学を出ただけではウサギをしっかり診察することはとても難しいのです。

現在のウサギの獣医療は、たくさんの獣医師が国内外で学び、経験を積み重ねながら獣医師同士で研鑽《けんさん》し、今日まで進歩してきました。

動物病院を選ぶ際には、ウサギの特性をよく知り、経験を積まれている獣医師がいる病院を選ぶことが、とても大切になります。

診療科目にウサギの記載があることを目安に、健康診断などで訪れて、ウサギの扱い方、診察の種類などを比較するのも1つの方法でしょう。

そして、動物病院選びのポイントとして、自宅からのアクセスも重要です。ウサギはストレスに弱く、体調の急変も多い動物です。遠方の動物病院では間に合わないこともあります。また、休診日や診療時間も把握し、休診日や診療時間外に診てくれる動物病院を見つけておくと、いざという時も安心して対処することができるようになるでしょう。

PART 3

日々のお世話

ウサギの日々のお世話について、
大切なことをチェックしましょう。
動物栄養学の視点から見る
ウサギの栄養と毎日のご飯について、
ケージの掃除やブラッシングについて紹介します。

ウサギの栄養学

健康に暮らすための食餌

私たちが元気で健康に暮らすためには、栄養バランスのとれた適切な食事を欠かすことができません。それは、ウサギも同じことです。

ウサギの栄養については、まだまだ研究中でわからないことがたくさんあります。しかし、私たち人間と全く異なる**「草食動物」の体のしくみや必要な栄養素について知り、何がベストかを考える**ことは、命を預かる飼い主さんの大切な役割です。

少し難しく感じることもあるかと思いますが、大切なウサギが健康的に長生きできるように、日々の食餌とその栄養について知識を深めていきましょう。

基本はペレットと牧草で育てる

家庭でのウサギの飼育方法は、現在のところ**牧草とペレットで育てる**ことがベストだと考えられています。ペレットとは、牧草では不足する必要な栄養素をプラスして、食べやすい大きさに固めたフードです。本来のウサギの食性とは異なるものですが、**野生に近い食餌が必ずしも「ウサギの長生き」にとって最適とは限りません**。だからこそ、ウサギの栄養学について知ることは、とても大切なことです。

牧草はウサギがいつでも好きなだけ食べられるように「食べ放題」にしますが、**ペレットの量は個体に合わせて適切に管理する**必要があります。特に肥満は病気やケガを引き起こすため、エネルギー過多にならないように気をつけましょう。ふわふわのウサギは、痩せているのか太っているのか、判断が難しいものです。家庭で体重を量る、定期的に健康診断を受けるなどして、体重も適切に管理しましょう。

ウサギが食べる物

主食

牧草 (p.98)

食べ放題

ウサギは常に腸を動かす必要があるため、牧草を切らさないように、いつでも好きなだけ食べられるようにしてあげてください。牧草にはイネ科とマメ科の2種類があり、種類も豊富にありますが、**「チモシー」をメインに与える**のが一般的です。

point

新鮮な牧草を好む傾向がありますが、口をつけなくても3日から1週間ぐらいは入れ続けるようにしてください。時間が経過した牧草は衛生的ではないと考えてすぐに取り換えると、入れたばかりの牧草しか食べなくなることがよくあります。

水

飲み放題

昔はウサギに水を飲ませてはいけないといわれていましたが、**いつでも新鮮な水が飲めるようにするのが適切**です。与える水は水道水で大丈夫です。

point

水道水でOK。ミネラルウォーターは与えない方が無難です。

副食

ペレット (p.100)

ウサギに必要な栄養素を効率的に摂ることのできる固形の配合フード。**体重に合わせて給餌量を変える**のが一般的です。

おすすめ

「うさぎの環境エンリッチメント協会」が開発したウサギの完全栄養食「コンプリート1.0」は、ウサギの体重と年齢、牧草の摂食量からペレットの給餌量を決める新しいタイプのペレットです。

その他

野菜 (p.102)

野菜は口当たりがよくウサギもよろこびますが、栄養価や繊維質は牧草に比べて低く、水分量は多いので、**大量に食べるとおなかの調子を壊す場合もある**ので、少量にとどめましょう。

point

ウサギに与えてはいけない野菜があります。特に、**たまねぎやにんにくなどの球根状になっている食べ物は、有毒な成分が含まれているので、絶対に与えないでください。**

適さない野菜

じゃがいもの芽と皮、ネギ類、生の豆、穀類、ほうれん草、ニラ、にんにく、落花生

フルーツ (p.102)

甘いフルーツはウサギも大好きですが、**糖分が高いので与えすぎるとよくありません** (P.96) 。与えるときは、ほんの少しにしておきましょう。

適さないフルーツ

アボカド

サプリメント

ウサギに必要な栄養素量が満たされているペレットとたっぷりの牧草を食べているならば、本来サプリメントは不要です。しかし、個体ごとに消化吸収率は異なりますので、不足する栄養補給などにうまくサプリメントを活用してみてください。

ウサギの消化管のしくみ

ウサギ独自の消化システム

カロリーも栄養価も低い草を主食とする草食動物は、必然的に食物の必要摂取量も多くなり、牛のように起きている時間の大半を食餌に費やす動物もいます。しかし、草食動物にとっても硬い繊維質を持つ草を消化することは、実は非常に大変なことです。自力ではとても消化できないため、「微生物」の力を借りて発酵させ消化しているのです。

この発酵させる場所（発酵槽）が消化管の前にある動物を「前胃発酵型動物」、大腸にある動物を「後腸発酵型動物」といいます。**ウサギは大腸の一部である「盲腸」で発酵させている後腸発酵型動物に分類**されます。人間の盲腸は退化しているためほぼ機能していませんが、ウサギは消化管全体の約4割を占めるほど大きな器官として重要な役割を果たしています。

出典：Stevens and Hume 1998.

ウサギは「フン」を食べる生き物

草を発酵・消化するには時間がかかります。ウサギは体が小さく、長く体内に留めておくスペースがないため、時間がかかる粗い繊維はさっさと排出してしまいます。代わりに、**消化のしやすい部分だけを選り分け、栄養がたっぷり詰まった「盲腸便」を再摂取することで栄養を補っています。これを「食《しょく》糞《ふん》」といいます。**フンを食べることにぎょっとするかもしれませんが、正常な行為なので安心してください。

同じ体重で換算するとウサギは、ヒトの2～3倍ものエネルギーを必要とする生き物です。そのため、たくさん食べて利用価値の高いものだけ盲腸へ運び、利用価値の低いものはさっさと排泄して、効率よく栄養価の高い盲腸便を作っています。

食糞と再摂取のしくみ

草食動物は消化器官内に「発酵槽」を設け、そこに微生物を棲まわせて、自力では消化できない繊維を微生物たちに分解してもらっています。

いつ食べているの?

食糞するときは、お尻を口に近づけて直接食べるため、排泄と摂取時刻はほぼ同時刻。朝から昼にかけてのリラックスタイムに食糞していることが多いようです。毛づくろいしているようにも見えるため、飼い主さんが食糞に気づかないこともよくあります。

硬糞
半乾きでコロコロ。1日に何度もする。

軟糞
ブドウの房状で、透明な粘液に包まれている。しっとりやわらかい。
タンパク質の含有量が硬糞の2倍!

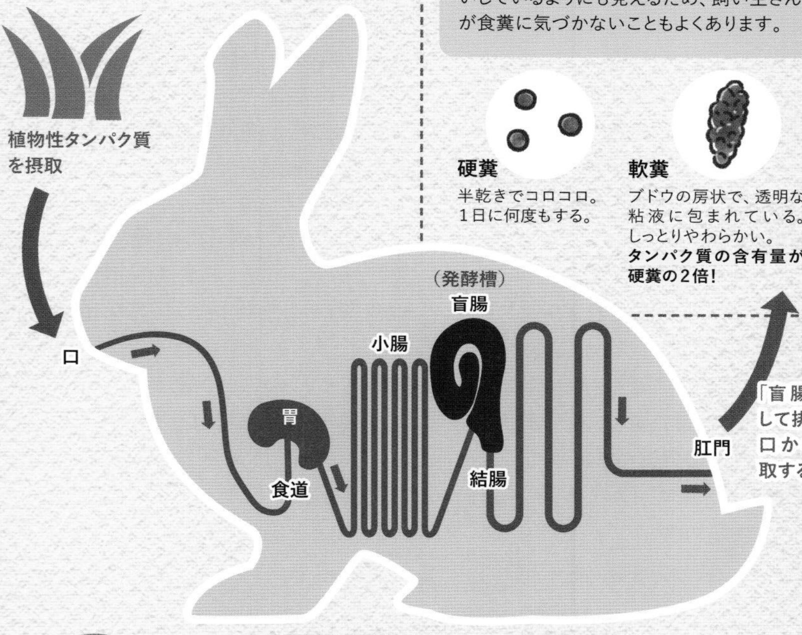
「盲腸便」として排出して口から再摂取する

盲腸で微生物により動物性タンパク質にチェンジ

驚異のメカニズム?!

キャベツを体内でハンバーグに変換して食べるウサギ?!

ウサギの発酵槽は盲腸にあります。食餌として摂取した植物性タンパク質が、微生物の働きで違うアミノ酸（タンパク質を構成する栄養成分）に変わり、なんと動物性タンパク質がメインの栄養に変わります。少し極端な例えですが、食べたキャベツを体内でハンバーグに変換しているようなものです。しかし、盲腸の後ろには結腸しかなく、ここではタンパク質を吸収することができません。そのため、いったん体の外に出して再摂取することで、タンパク質を補っています。これが「食糞」であり、ウサギにとって大切な本能的な行動です。犬や猫の食糞は問題行動ですが、ウサギの食糞は生命を維持するために大切なこと。決して「汚い」と叱ったり、止めたりしないようにしましょう。

ウサギに欠かせない繊維質

人にもウサギにも大切な第6の栄養素

繊維質とは、炭水化物の中で動物がもつ消化酵素では分解できず、小腸で吸収できない物質です。人間の食べ物だとこれを「**食物繊維**」と呼びますが、動物の飼料は「**繊維質**」と表現します。

人間や動物が食べたものは、そのまま体の中で栄養として利用できるわけではありません。唾液や胃液といった**消化酵素によって分解され**、初めて利用できる形になるのです。ところが、人間やウサギを含むほとんどの動物が、**繊維質を分解するための消化酵素を分泌することができません**。消化管を通っても吸収できず、体内を通り抜けてそのまま排出されてしまうのです。

以前はあまり大切な栄養だと認識されていなかったので、5大栄養素に含まれていません。しかし、繊維質には**有害な物質を体外に排出する、腸内の善玉菌を増殖させる**、という大切な働きがあることがわかってきました。そのため、現在は「**第6の栄養素」として重視**されています。私たち人間にとって繊維質は健康維持に重要な役割を持ちますが、ウサギにとっては健康維持はもちろんのこと、栄養としても非常に重要な栄養素です。もしも不足すると、人間以上に深刻な問題が起こるので注意しなくてはいけません。

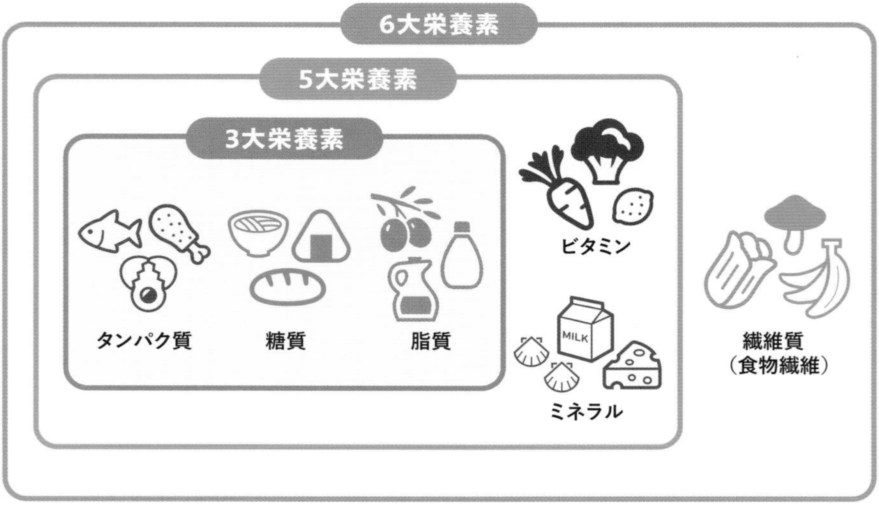

繊維質不足で起こる「うっ滞」

ウサギの消化器トラブルの中でも特に頻度が高い**「うっ滞」は、繊維質不足が主な原因の1つ**です（P.170）。うっ滞を起こすと、消化管の動きが悪くなることで胃や腸などにガスがたまる、フンが小さくなる、食餌量が減り元気がなくなる、などといった症状が現れます。人間でいうところの**「便秘」**ですが、常に消化管が動き続けていることが当たり前のウサギにとって、**フンがでないことは一大事**です。すぐに対応しないと**命に関わることもある**ため、「たかが便秘」などと思ってはいけません。

繊維質で消化器トラブル「うっ滞」を防ぐ

食べたものが消化管内に留まる時間＝滞留時間

うっ滞を予防するためには、繊維質豊富な食餌を与えることが非常に重要です。食べたものが必要以上に体内に留まらないようにし、腸内環境を正常に保つためには、繊維質の量がポイントになります。

かくはん、消化、
微生物発酵（P.90）吸収

滞留時間の約60%が盲腸（発酵槽）

滞留時間約18時間

食餌に含まれる**繊維質が多いほど、滞留時間が短くなります。**繊維質の量が少ないほど滞留時間が長くなり、そのような食餌をしているウサギは死亡率も上がったという研究結果もあります。

2種類の繊維質をバランスよく

繊維質は水に溶ける性質をもつ「水溶性繊維」と、水に溶けない性質をもつ「不溶性繊維」の2つに分けられます。通常、1つの野菜に対してどちらか一方ではなく両方の繊維質が含まれますが、両方をバランスよく摂取することが大切です。

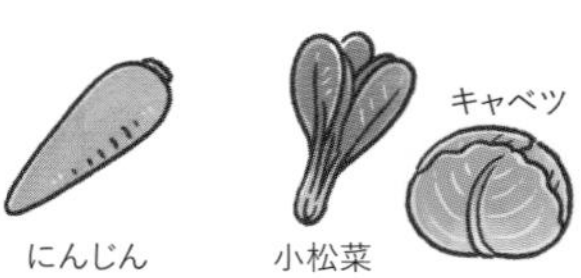

水溶性繊維を多く含む野菜

不溶性繊維を多く含む野菜

1日に必要な栄養素と量

6つの「一般成分」に分けられる

人間に1日に摂取すべき栄養素の目安があるように、**ウサギにも必要な栄養素とその量があります**。ウサギの食餌の栄養成分は次の6種類の「一般成分」に分けられます。

- 水分
- 灰分
- タンパク質
- 脂肪
- 可溶無窒素物（NFE）
- 繊維質

中には少し見慣れない言葉も含まれています。食餌の成分を性質や利用面での違いで分けたもので、比較的簡単に測定できるのが特徴です。

人間の食事の成分分析にも使えますが、普段目にする機会はほとんどありません。1つひとつ解説していきましょう。

食餌に含まれる6種類の「一般成分」

- 食餌
  - 水分
  - 乾物（固形物）
    - 無機物（灰分）
    - 有機物
      - 窒素化合物（タンパク質）
      - 脂肪
      - 炭水化物
        - 可溶無窒素物（NFE）
        - 繊維質

COLUMN ウサギは燃費の悪い生き物？

体重2kg の大人ウサギが1日の活動に必要とするエネルギーは約170kcal。それに対して、体重60kg の成人男性は約2,200kcal です。比較のためにこのエネルギーを体重で割って計算してみましょう。もしも、ウサギと人間が同じ体の大きさだとしたら、ウサギは人間の2～3倍ものエネルギーが必要となります。ウサギはより多くのエネルギーが必要であり、そのためにたくさんの食餌を食べないといけないことがわかります。

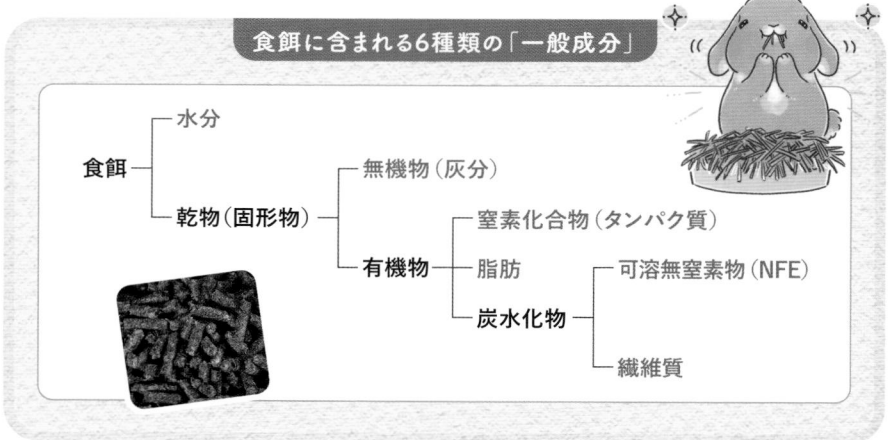

6つの栄養素（一般成分）の必要量の目安

水分

1日約200mℓ

体重約2kgの大人ウサギの場合、**飲水量は1日200mℓ**が必要。

体重の10%の量を必要とすることを人間にたとえるなら、50kgの人は1日5ℓ飲まなければなりません。ウサギの必要とする水分量がとても多いことがわかります。

これは飼いウサギの食生活が、牧草やペレットのように乾き物ばかりなことが影響しています。一昔前は、下痢をするからウサギに水を飲ませてはいけないといわれていましたが、これは誤りです。意識して水分は十分に与えるようにしてください。

脂肪

1日1～2g

体重約2kgの大人ウサギの場合、**1日1～2g**必要。

人間に比べて少ないことがわかります。**ウサギはあまり脂肪を必要としていません。**ペレットから摂取できるわずかな脂肪で十分なため、脂肪の多く含まれるペレットやおやつなどは、与えないように気をつけましょう。

タンパク質

1日12～15g

成長期と大人ウサギで異なりますが、体重約2kgの大人ウサギの場合、**1日12～15g**必要。

ウサギは食糞によってタンパク質を摂取しているため、ここでいう必要量（1日12～15g）は**フードのみから摂取すべき値**です。軟糞（盲腸便）からのタンパク質の摂取量は、全体の10～20%に達するケースもあるようです（P.90）。

灰分

1日7～10g

灰分としての必要量は明らかになっていませんが、体重約2kgの大人ウサギの場合、カルシウムやリン、カリウムなどのミネラルを合わせて7～10gが必要です。

灰分とはミネラル分を指します。ただし、正確な量ではなくあくまで総量の目安のため、「**粗灰分**」とも呼ばれます。

ミネラルは体を構成するだけでなく、体のpHや浸透圧を調整する多様な役割があります。ウサギで特に気をつけたいのが、**ミネラルの中の「カルシウム」**です。哺乳類の中でもウサギは特殊で、カルシウムの吸収効率が非常に高い動物です。過剰なカルシウムは尿と一緒に排泄するため、食餌中のカルシウムが多いと尿路結石や慢性的な膀胱炎になりやすいとされています。一生伸び続ける歯や、強い繁殖力が関係しているとも考えられています。

繊維質

1日最低14g以上

繊維質がウサギにとっていかに大切かは、92ページで解説しています。ウサギにとって繊維質は、重要なエネルギー源であり、うっ滞という疾患を防ぐために欠かすことができません。

可溶無窒素物（NFE）

はっきり定められていない

可溶無窒素物は、動物のエネルギー補給源と考えられています。人間の場合「糖質」と表現される部分ですが、簡易的に算出しているため、主成分の糖・でんぷん以外も含まれています。そのため、1日あたりの必要量ははっきりと定められていません。

ウサギと「糖」の関係

「糖類」の摂りすぎは要注意

ウサギの健康のために気をつけたいのは「糖」です。糖は広い意味で甘みのある成分全般を指しますが、狭い意味では「炭水化物」とほぼ同じ意味で使われます。その中でも**特に気をつけたいのが「糖類」**です。

ウサギの消化のしくみとして、炭水化物を①自力で消化できるもの（易消化性）と、②腸内微生物の力を借りることで初めて消化できるもの（難消化性）の2つに分けることができます。このうち、**糖質は①で、ウサギが自力で消化することができ、かつ、体に入るとすぐに吸収される**という特徴があります。このような糖類をたくさん摂取すると、**盲腸内の微生物のバランスが崩れ、下痢を起こすなどウサギの健康に悪影響が及ぶ**と考えられています。また、糖類の摂りすぎが**肥満の原因**になるのは、人間もウサギも同じことです。

では、おやつの与えすぎにさえ注意していれば糖類の過剰摂取にはならないのかというと、そうではありません。**日常的に与えるペレットにも糖類が意外と多く入っている**ことがあります。そのため、毎日のフードの量にも気を配る必要があります。ウサギを糖類過多から守れるのは飼い主さんだけです。牧草はほしがるだけ与えてかまいませんが、**ペレットの量はきちんと管理**することが大切です。

⚠ 気をつけて！
この2つの「糖類」に特に注意！

炭水化物	糖質	糖類	単糖類：ブドウ糖（グルコース）、果糖（フルクトース）など
			二糖類：ショ糖（スクロース）、乳糖（ラクトース）など
		少糖類：オリゴ糖（ガラクトオリゴ糖、フラクトオリゴ糖など）	
		多糖類：デンプンなど	
		糖アルコール：キシリトールなど	
		その他：ステビア、アスパルテームなど	
	食物繊維	セルロース、ペクチン、ヘミセルロースなど	

※糖類の分類はさまざまな方法がありますが、本書では、単糖類・二糖類を糖類とします。

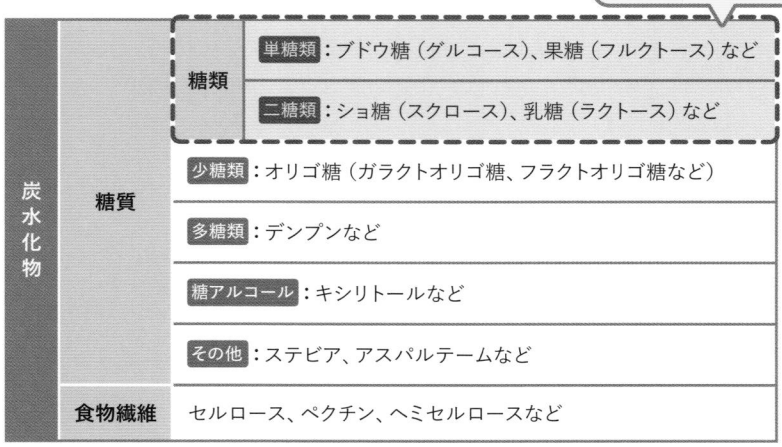

「デンプン」の与えすぎに気をつけて

糖質の中でもう1つ気をつけたいのが「デンプン」です。**ウサギのデンプン消化率は98%と非常に高いのが特徴**です。主要な食餌成分である繊維質の消化率が20%を切るのに対して、いかにデンプンの消化率が高いかがわかります。自然界のウサギは、デンプンが主成分であるフルーツや根菜を積極的に摂取することはありません。常に捕食者に狙われる立場のウサギが、摂取に手間のかかるこれらを栄養源にするのは現実的ではないからと考えられます。

本来は摂取したデンプンのほとんどを消化できるウサギですが、**消化率が低下する場合があります。それが、デンプンの大量摂取です**。ウサギの体は少しずつ入ってくるデンプンを丁寧に処理するようにできているため、大量に摂取すると**消化管の処理能力を上回ってしまい**、消化できないデンプンが出てくるのです。

未消化のデンプンが盲腸にある微生物の棲む「発酵槽」に大量に流れ込むと、今度は**繊維の消化率が低下してしまいます**。これは繊維よりも利用しやすいデンプンを使って増殖した微生物が、繊維を分解する微生物の働きを抑え、結果として、盲腸内に入った繊維を分解しきれず、盲腸を詰まらせてしまうことがあります(うっ滞)。

この現象は、トウモロコシなどのデンプン質を大量に与えられた牛にも見られます。草食動物にとって命を落とす可能性がある、大変危険な状態です。飼育下の草食動物は、「デンプンの摂りすぎ」に特に気をつけなくてはなりません。

「糖」に気をつけたフード選びのポイント

原材料をチェックして「糖類」をチェック

ペレットによく用いられる原材料の糖には次のようなものがあります。糖類は餌料中に低濃度で存在しますが、糖蜜など糖類の含有率が約50%に達するものもあります。

- **糖蜜**
- **リンゴ絞り粕**
- **小麦フスマ**
- **ヒマワリ**
- **柑橘類の皮**
- **大豆粕**
- **ビートパルプ**
- **大麦**

糖類やデンプンは決して悪者ではありません。健康維持に必要な栄養素ではありますが、飼育下のウサギは摂りすぎになりやすいので注意が必要なのです。**ウサギの食餌のメインは牧草であることを忘れてはいけません!**

デンプンの過剰摂取を避ける

デンプンの「使用量」は通常記載がありませんが、主成分から大まかな糖質の量を測って判断することができます。成分表をもとに、「100−タンパク質−脂肪−繊維−灰分−水分」で計算し、その数値が40を超えるようだと注意が必要です。

※「うさぎの環境エンリッチメント協会」が開発したウサギの完全栄養食「コンプリート1.0」は、デンプンの含有量を6%以下に抑え、その旨がパッケージにも表記されています。

牧草

バリエーション豊富な牧草を与える

ウサギの主食は牧草です。牧草には、イネ科とマメ科の2種類があり月齢に合わせて与える牧草を変えていきます。さらに、複数種類の牧草を与えることでいろいろな味に慣れ、好き嫌いなくさまざまな牧草を食べられるようになるのが理想です。ウサギの牧草として**一般的なチモシーをメインに、ほかの牧草を混ぜながら与える**とよいでしょう。

とはいえ、ウサギもそれぞれ食の好みがあります。せっかく用意した牧草を食べてもらえないと悲しくなるかもしれませんが、食べない牧草でも入れ続けると食べるようになることもあります。さらに、選り好みしながら好きな牧草だけを食べる行動は、**ウサギ本来の「餌を探す行動」(採食行動)**に近い形になるので、ストレスの緩和や食欲減退の抑制にもなります。

チモシーにほかの牧草をトッピングするようなイメージ。

牧草は「食べ放題」が基本

ウサギは硬い繊維質の牧草を毎日食べることで、不正咬合(P.169)などの歯の病気や胃腸の病気を防ぐことができます。**牧草は基本的にいつでも好きなだけ食べられるように、「食べ放題」にする**のが、最近のウサギ飼育の常識です。

牧草を食べる量には個体差があります。体重の増加が気になったり太り気味の場合は、**ペレット(P.100)の量を減らすことで調整**してください。

一般的に、生後半年ぐらいまでの成長期や、体力を消耗する換毛期などは、栄養豊富なマメ科のアルファルファなどをほかの牧草に混ぜて与えるとよいでしょう。大人になったら、繊維が豊富なイネ科のチモシーを中心に与えます。

ウサギの成長に合わせた牧草選び

牧草は大きく分けて2種類

point

アルファルファはほかの牧草に比べてタンパク質やカルシウムを多く含んでいるため、尿石症や肥満に気をつけて!

イネ科

チモシー、オーチャードグラス、クレイングラス、スーダングラス、オーツヘイ　など

特徴：マメ科に比べて低タンパク質、低カルシウム、高繊維質。大人のウサギに最適。

マメ科

アルファルファ、クローバー　など

特徴：イネ科に比べて高タンパク質、低カルシウム。6カ月くらいまでの成長期のウサギに最適。

牧草のポイント

穂には糖質や脂質、タンパク質が多い
茎は繊維が多い

イネ科のチモシーは、刈り取り時期に応じて3タイプ

【1番刈り】
春から初夏に収穫。繊維が多くて硬い

【2番刈り】
夏の終わりに収穫。茎がやわらかい

【3番刈り】
秋の中頃に収穫。とてもやわらかく1番刈りに比べると栄養価は低い

牧草はケージの中に常備

牧草がなくなることのないように、1日2回を目安に牧草を追加しましょう。汚れている牧草は廃棄してください。ケージに入れてから時間が経過した牧草は、ハサミでカットすると香りが立ち、ウサギが食べてくれることもあります。新鮮な牧草を与えることは大切ですが、頻繁に替えていると新しい牧草しか食べない子に育ってしまうことも。残っている牧草はすぐに捨てずに、食べてくれるように上手に工夫してみましょう。

ペレット

食性に合ったペレットを選ぶ

現在、家庭で飼育されているウサギたちの多くに与えられている食餌は、**乾燥牧草とペレット（ラビットフード）**です。ペレットとは、牧草に必要な栄養素をプラスして食べやすい大きさに固めたフードで、「**形を変えた牧草**」といえます。

一口にペレットといっても、お店に行くと実にさまざまなフードがあり、どれを与えてよいのか迷ってしまうかもしれません。

フード選びのポイントは、パッケージの裏面にある「原材料」や「成分表示」を参考にすることです。成分表をもとに、「**100 ータンパク質ー脂肪ー繊維ー灰分ー水分」で計算し、40を超えるものは避けること**で、**デンプンの含有量の少ないフードを選ぶことができます**。また、ウサギの代謝エネルギー量の推奨値は225kcal/100g以下なので、カロリー表記がこれ以下のものを選ぶとよいでしょう。

※「うさぎの環境エンリッチメント協会」が開発したウサギの完全栄養食「コンプリート1.0」は、総エネルギー表記ですが、代謝エネルギー表記に換算すると144kcal/100g以上となります。

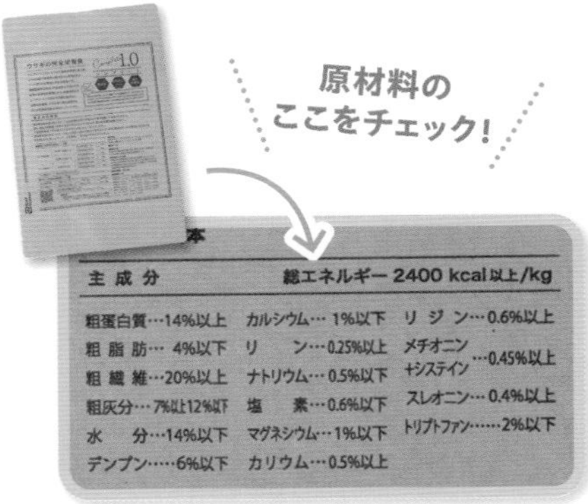

100 ータンパク質ー脂肪ー繊維ー灰分ー水分＝大まかな糖質の量

40を超えるものは避けましょう!

ペレットの与えすぎは肥満の元

ペレットを与えるときにもっとも大切なことは、**ウサギの個体に合わせた適切な量を見極めること**です。まずは、パッケージに記載されている量を与え、そこから体重の増減を見て徐々に給餌量を調整していきます。牧草は食べ放題ですが、ペレットは適量を見誤ると肥満につながります。ウサギはふわふわとした毛でおおわれているのでわかりづらいですが、太りすぎず痩せすぎない量がその個体にとっての最適な量です。肥満はさまざまな病気につながるため、**適切な体重をコントロール**するように心がけましょう。

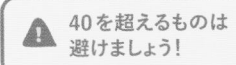

ウサギの成長に合わせたペレット選び

成長・状況別　おすすめペレット

赤ちゃん〜青年期
タンパク質・脂質は少し多め、繊維質は少し少なめで高カロリー

成熟期
肥満につながらないように繊維質を多めに

高齢期
運動量が減るので今まで以上に肥満にならないよう、繊維質が多く、タンパク質・脂質を抑えた低カロリー

換毛期
毛が抜け替わる時期はタンパク質やエネルギーを消耗するので、高カロリーなペレットを少しプラス

妊娠・授乳中
タンパク質・脂質が少し多めがよいが、肥満になると分娩に悪影響を及ぼすので、エネルギー過多にならないように注意

硬い？やわらかい？ ペレットのタイプ
人の指でつぶせるくらいのやわらかいものを「ソフトタイプ」といい、つぶせない硬いものを「ハードタイプ」といいます。日本で流通しているものの多くはソフトタイプですが、海外のペレットはハードタイプも。海外製の硬すぎるペレットは、歯茎の弱ったシニアウサギには不向きといわれています。

品種別専用フード
ネザーランドドワーフ用、ホーランドロップ用などと品種別の専用フードも販売されていますが、大きく配合が違うわけではなさそうです。

ウサギの Q&A

Q 「グルテンフリー」のペレットは体にいいの？

「グルテンフリーよりもデンプンに着目しましょう」

最近目にするようになったグルテンフリーのラビットフードは、小麦粉を避けることで、小麦粉由来のタンパク質「グルテン」を含まないようにしたフードです。グルテンフリーがウサギにとって「よいこと」なのかは、科学的にはまだはっきりしていません。
また、グルテンフリーだからといって、デンプンの含有量が少ないとは限りません。それよりも、デンプンの含有量に着目するようにしましょう。

ここも check
食餌について
P.188　シニアウサギのお世話〜食餌の変化

おやつ

乾燥させた野菜・フルーツは特別なおやつ

ウサギにとってのおやつは、**砂糖などの甘味料のついていない、天日干しやフリーズドライなどで乾燥させた、野草、野菜、フルーツ**です。人間用のドライフルーツは甘味料がついているため、ウサギに与えてはいけません。糖の摂りすぎはウサギにとって命取りです（P.96）、誤って与えないよう気をつけましょう。

生の野菜やフルーツを食べているイメージがあるかもしれませんが、食べる量には注意が必要です。甘い野菜やフルーツは口当たりがよく、与えるとウサギもよろこびますが、水分が多く栄養価があまり高くないため、実はウサギが常に食べるものとしては不向きです。与えすぎると下痢を引き起こしかねません。ウサギにとって下痢は命にかかわることもある症状です。**また、フルーツだけでなく野菜にも糖分が含まれていますので、与えるときは少量**にとどめてください。

ウサギだって飼い主の指示に従える!?

ウサギが大好きなおやつを上手に利用すれば、**「ハウス」の声かけでキャリーやケージに自主的に入る行動を促すことも可能**です。また、欧米で盛んなホッピング（飼い主の指示に従ってハードルを越える競技）の訓練にも、おやつが効果的に使われています。

もちろん、**向き不向きがありますので、無理強いしないようウサギの性格を尊重しましょう**。飼い主の指示に従えなくても無心におやつを食べる姿は見ていて癒されます。

ケージで暮らす時間が長いウサギにとって、おやつはよい刺激になります。部屋んぽのときなどに、**コミュニケーションとして与えるとよい**でしょう。

ウサギのおやつ

与えてよいもの・ダメなもの

与えてよいもの

○野草

タンポポやニンジンの葉を乾燥させた「ドライリーフ」。強い力で持つと崩れてしまうので、やさしくつまむようにして与えます。

○野菜・フルーツ

薄く切って乾燥させた「ドライチップス」は、生の状態に比べて旨みも栄養素もぎゅっと濃縮されています。生の野菜・フルーツを与えるときは、ウサギの体調と食べる頻度によって調整し少量をこころがけること。

野菜

小松菜、キャベツ、人参（根・葉）、チンゲンサイ、水菜、クレソン、ルッコラ、セロリ、サラダ菜、三つ葉、セリ、春菊、サニーレタス、大根の葉、カブの葉など

フルーツ

※糖分が多いため与えるときはごく少量

いちご、リンゴ、パパイヤ、メロン、バナナ、ドライフルーツ（未加糖のもの）、梨、桃、パイナップル、マンゴーなど

与えたらダメなもの

×ジャガイモの芽と皮

芽と皮には、ソラニンという中毒成分が含まれています。消化器系の病気のきっかけになることも。

×イモ類

ジャガイモ、サツマイモなどのイモ類はデンプンが多いためウサギには不向き。

×ネギ類

においのもととなる成分には、赤血球を破壊する成分が含まれているため、溶解性貧血を起こします。

×生の豆

消化が悪く、赤血球凝集素などの中毒成分が含まれています。

×穀類（または穀類が原材料に使われているもの）

クッキーなどのお菓子類やパンなど、小麦粉などの穀類で作られたもの。デンプンを多く含んでいるため、胃で異常発酵を起こす可能性があります。

×ホウレン草

ホウレン草に含まれているシュウ酸（カルシウムの一種）が、カルシウムの吸収を妨害します。

×アボカド

アボカドに含まれる成分ペルジンが有毒で、中毒を起こします。多量に含まれる油も危険です。

〈その他〉ニラやにんにく、落花生など

生野菜・フルーツの目安量は？

大人ウサギの場合は次を参考にしてください。

- **小松菜：1～2枚**
- **リンゴ：5㎜厚さを1枚**

与えるタイミングは？

消費エネルギーを考えると、ウサギが活発に行動する早朝や夕方の時間帯がベスト。

毎日の食餌の与え方

新鮮な牧草と水、ペレットが基本

ウサギの基本の食餌は、牧草、ペレット、水です。フードは**1日2回を目安に新鮮なものを追加したり取り換えたりしましょう。**特に、**牧草と水は切らすことがないように**注意が必要です。1日の食餌量のバランスは、**牧草75%、ペレット20%、おやつ5%**が理想とされています。

●**牧草** —— 牧草はウサギの主食です。牧草にはさまざまな種類がありますが、イネ科のチモシーをメインに、複数種類の牧草を混ぜて食べ放題の状態にします。

与えるタイミングは**1日2回、朝と夕方に新鮮な牧草を追加します。**この時、汚れている牧草や長い時間手付かずの牧草は取り除きますが、牧草を全て取り換えてしまうと、新鮮なものしか食べなくなってしまうこともあります。新鮮な牧草を与えるのは大切ですが、取り換えすぎも注意が必要です。

●**ペレット** —— パッケージに記載の分量を与え、体重の増減を見ながら給餌量を調整していきます。太ったり痩せたりしない量がその個体にとっての適量ですので、様子を見ながらちょうどよい量を見極めるとよいでしょう。

●**水** —— 一昔前の飼育法では、ウサギに水を与えると下痢を起こすと控えられる傾向にありましたが、これは誤りです。**新鮮な水をいつでもたっぷり飲めるようにしてください。**1日2回を目安に新しい水に取り換えましょう。

水は水道水でかまいませんが、塩素が入っていても大丈夫ということではありません。浄水器などを使用して、塩素を除去すると安心でしょう。ミネラルウォーターは人間用に成分を調整しているので、与えない方が賢明です。

●**おやつ** —— 乾燥させた野草、野菜、フルーツがウサギにとってのおやつです。甘味料のついているもの、小麦粉などの穀物で作られたデンプンを多く含むものは、絶対に与えてはいけません。また、生の野菜やフルーツは少量にとどめましょう。

ウサギの食餌のポイント

牧草を食べてもらうために
～採食エンリッチメントとコントラフリーローディング効果の活用～

「うちの子は牧草を食べてくれない」
「牧草の半分は手付かずで毎回捨てることに」という
飼い主さんの声をよく聞きます。
牧草を食べてもらうために、次のような工夫をしてみましょう。

牧草は複数種類を混ぜて与える

本来、ウサギは警戒心が強く、初めてのものはなかなか食べない傾向にあります。普段から複数種類の牧草を与えておくと、どれか1つを食べなくなったとしても慌てずにすみます。

置き方を工夫（コントラフリーローディング効果）

自然界で生きるウサギは、常にエサを探し求めています。ケージの中で定期的に牧草を与えられる飼いウサギは、エサを「探す」という行為がどうしても省略されてしまいます。
このため、牧草をあまり食べない子には、牧草入れ以外の場所に牧草を入れたり隠したりすると、食べてくれることがあります。

チモシーでできたボールやマットの中に、牧草やペレットを忍ばせるのがおすすめ。

ウサギの習性を知る（採食エンリッチメント）

野生のウサギは草原などを走り回って、好きな草花を探して食べています。つまり、選り好みして食べるのがウサギの本来の習性なのです。
よく食べる牧草だけを与えていると、食べ飽きたり食欲が刺激されなくなったりします。全く食べない牧草も一緒に入れておくことは、食欲を刺激するうえでも大変有効です。

部屋んぽを活用

部屋の中を自由に散歩する部屋んぽ（P.132）のときに、牧草やペレットを忍ばせたハウス、マット、トンネル、ボールなどを用意してみましょう。探す、見つける、食べるといった本来の採食行動（フォレイジング）で、ウサギの幸福度がUPします。隠し方にバリエーションをつけることが、楽しさを広げるコツです。

ここも check

食餌と部屋んぽについて

P.98　牧草
P.100　ペレット
P.102　おやつ
P.132　部屋んぽで運動遊び

ケージの掃除

ケージの中を清潔に保つために

トイレや食器類は毎日掃除

ウサギのケージの中は意外と汚れるものです。食べこぼした牧草やペレット、抜け毛、そしてフンやオシッコといった排泄物がたまっていくため、必ず掃除が必要です。大変に思うかもしれませんが、**ケージの中が不衛生だとさまざまな病気の原因**にもなります。特に、ウサギの足裏は一度濡れるとなかなか乾かず、そのままにしておくと皮膚病などの原因になります。ウサギの健康を守るためにも、ケージの中は清潔を保ちましょう。

特に、**トイレと食器類は毎日の掃除が大切**です。トイレの砂は毎日交換し、トイレ本体は週に1度を目安に水洗いします。また、トレイ下のペットシーツも毎日取り替えるようにしましょう。

ペレットを入れる食器には、ペレットの粉が残っていたり、ウサギのよだれなどの汚れがついていたりします。きれいに洗浄し、しっかりと乾かしてからケージの中に戻します。

水入れは、水を取り替えるときに汚れがないかチェックしましょう。水筒や哺乳瓶を洗うスポンジなどを使って、水垢が残らないように洗ってください。

月に一度は大掃除を

月に一度は、ケージ全体の大掃除を行いましょう。ウサギをキャリーやサークルなどに移動させ、床のスノコやトレイをしっかりと水洗いします。この時、**スノコをしっかりと乾かし、濡れたまま戻さないことが大切**です。

湿度が高い季節は、排泄物から雑菌が繁殖し、ケージ内にカビが生えやすくなります。特にオスはオシッコを飛ばす習性があるためケージの周囲も掃除しましょう。

ケージの大掃除は、飼い主さんにとって大仕事です。日々のちょっとした汚れをこまめに掃除することが、大掃除の負担を軽くするポイント。特に水分は気がついた時にさっと拭き取るようにしましょう。

掃除のポイント

食器

ペレットを入れ替える時に一度下げ、食器用洗剤できれいに洗います。湿度の高い時期は、ペレットや牧草、野菜やフルーツにカビが生えやすいので注意。

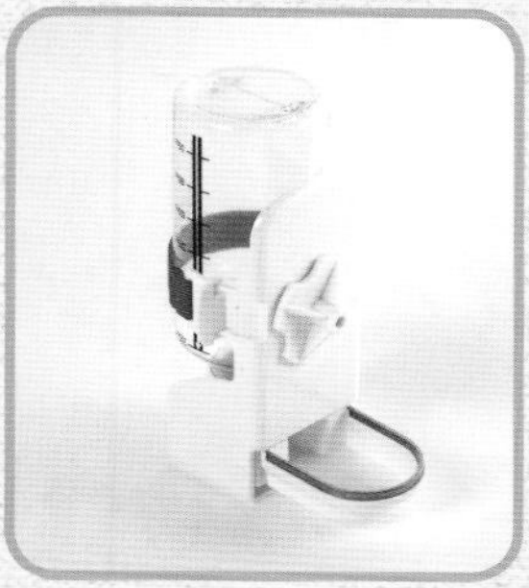

水入れ

ボトルの中には水垢がたまります。奥までしっかり洗えるボトル用のスポンジなどで、きれいに洗いましょう。飲み口であるノズルの先も、歯ブラシなど小さなブラシを使って清潔に。

トイレ掃除にはクエン酸が便利！

詳しいトイレの掃除方法は ▶P.121

トイレ

トイレ砂は毎日取り換え、トイレ本体は週に1度を目安に水洗いしましょう。トイレのスノコが汚れていたらその都度しっかりと拭き取り、ウサギの足裏が汚れないように気をつけます。

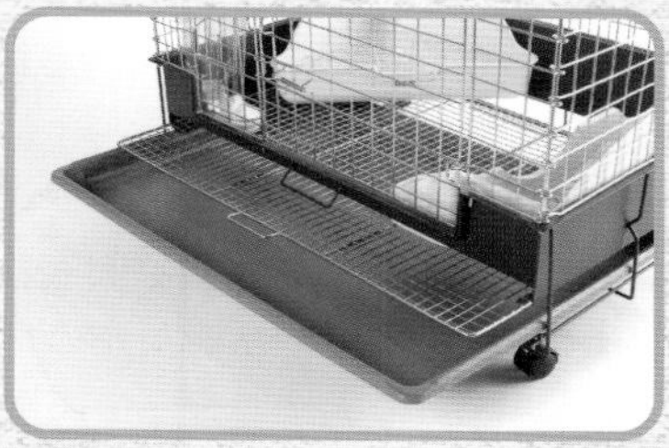

トレイ

トレイには排泄物、食べこぼした牧草やペレット、抜け毛などがたまります。掃除をしやすくするためにも、大きなペットシーツを敷いておきましょう。オシッコで汚れたときはシーツを都度取り替え、月に一度は水洗いします。

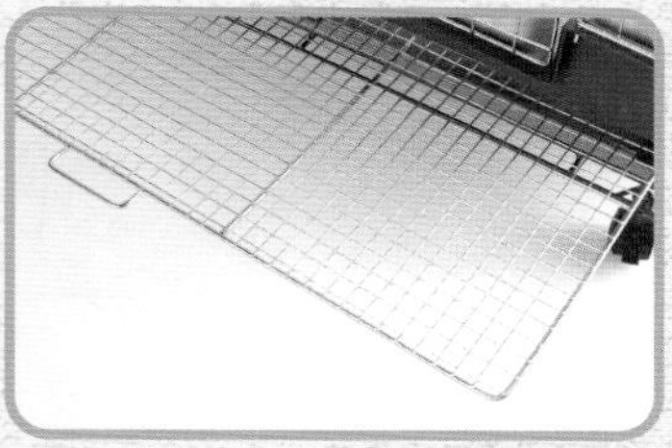

スノコ

汚れを見つけたらその都度拭き取ると、月に一度の大掃除が楽になります。水洗いしたときは、濡れたまま戻すことがないようしっかりと乾かしてください。

ここも check

病気とトイレについて

P.46 ウサギの手足の特徴
P.49 ウサギの被毛の特徴
P.120 トイレの失敗が続くときは
P.170 消化器疾患
P.177 ソアホック

ブラッシング

ブラッシングで抜け毛ケア

ブラッシングでうっ滞予防

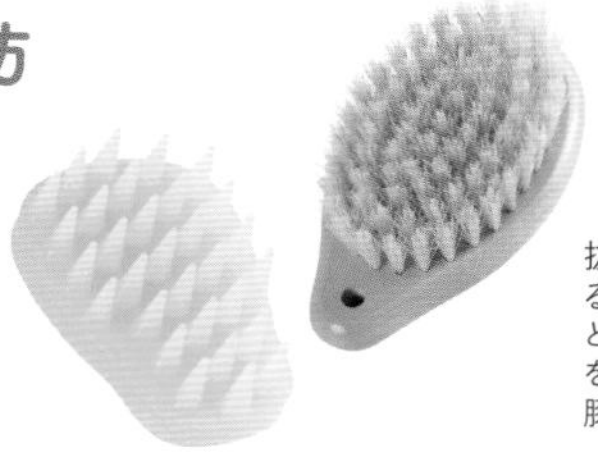

抜け毛がよく取れるラバーブラシと、ホコリやフケを取り除くための豚毛のブラシ。

　ウサギと暮らしていると驚くのが、その抜け毛の量です。ウサギには**年に4回の換毛期**があり、特に季節が大きく変わる**春と秋の換毛期は大量に毛が抜け落ちます**。

　ウサギは舌で舐めて毛づくろいをしますが、そのまま毛を飲み込んでしまいます。猫の場合は飲み込んだ毛を吐き出すことができますが、ウサギはそれができません。大量の毛がおなかの中にたまると、胃腸の調子を崩して病気にもなりかねません。日頃からこまめなブラッシングが必要ですが、**特に換毛期の期間は毎日ブラッシングをしてあげるのが理想**です。

　特に毛量の多い品種や、長毛種のウサギはこまめにブラッシングでケアすることで、さまざまな病気の予防にもつながります。

お風呂が必要なケースはまれ

　日頃から丁寧にブラッシングでケアをしていれば、ウサギをお風呂に入れる必要があるほど汚れることはありません。**ウサギには汗腺がないため汗で体が汚れることもなく、体のにおいも少ない**のが特徴です。

　また、ウサギは基本的に水が嫌いです。**特に頭から水を浴びるような入浴は厳禁です。ウサギの耳は絶対に濡らしてはいけません**。もしも、お尻周りの汚れがひどいときは、濡らしたタオルやペット用のノンアルコールのウェットティッシュで拭き取ります。ウサギの被毛は一度濡れると乾きづらく、濡れたままにしていると皮膚病の原因になることもあります。濡らしたときは乾いたタオルでやさしく拭き取り、温かい環境で慎重に被毛を乾かしましょう。

ブラッシングのポイント

グルーミングマットを敷く

ブラッシングの際、大量の毛が抜けます。飼い主さんの洋服に毛がつかないように、そして万が一そそうをしてしまったときのために、ひざに専用のグルーミングマットを敷くとよいでしょう。撥水加工がしてあり、付いた毛をさっと集め取ることができます。タオルなどで代用してもかまいませんが、毛足の長いタオルはウサギの爪に引っかかると危険なので、素材に気をつけましょう。

週に1度はブラッシング

短毛種の場合は週に1回、長毛種の場合は週に1～2回を目安にブラッシングをしましょう。年に4回の換毛期中は毎日のブラッシングが理想です。ブラッシングはウサギにとってもストレスなため、できるだけ短時間で終わらせましょう。

ブラッシングケアには、「アクアケア」がおすすめ。ウサギにはもちろん、人間にも安全な除菌消臭水です。

嫌がるときは無理をしない

ブラッシングに抱っこは必須です。まだ抱っこに慣れていない、気が立って暴れているときなどは、無理をしないでおきましょう。万が一ウサギがひざから飛び降りたときのために、お風呂のイスのような背の低いものに座って行うと安心です。

簡易ブラッシングでもOK

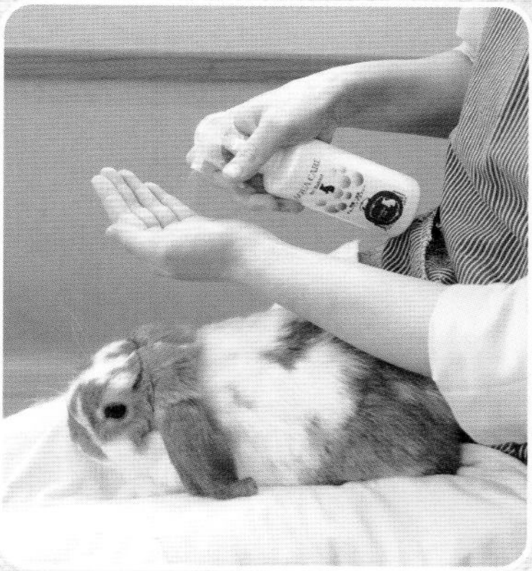

ブラッシングの時間を十分にとれないときは、簡易ブラッシングでもOKです。次のページで紹介するブラッシング方法の1～4、9～10だけでも、抜け毛をキャッチすることができます。

ここもcheck

被毛、抱っこ、病気について

P.49　ウサギの被毛の特徴
P.126　ウサギの抱っこのしかた
P.170　消化器疾患

ブラッシングのしかた

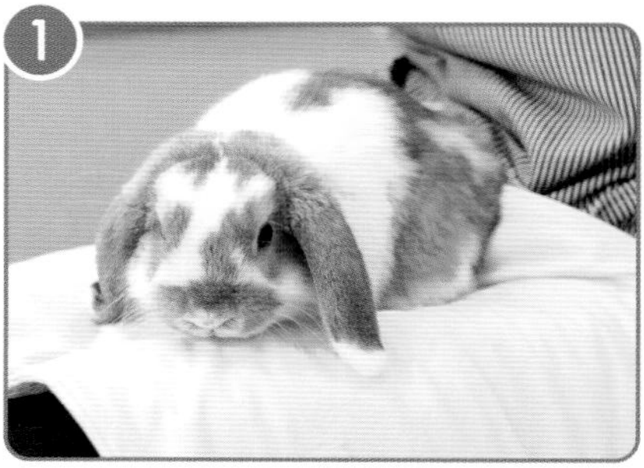

ひざにグルーミングマットなどを敷き、その上にウサギを乗せる。

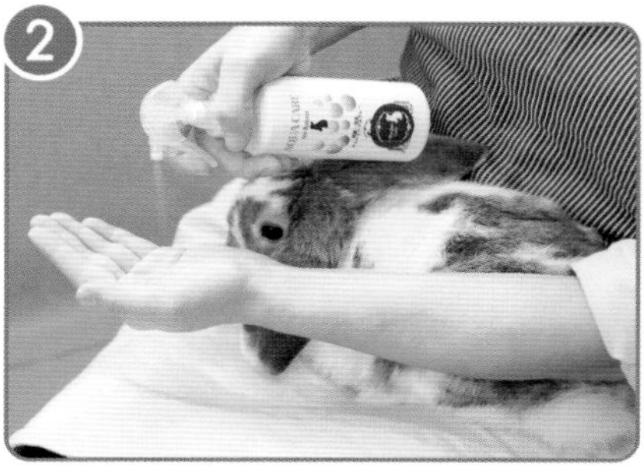

手のひらに水をスプレーして湿らせる。

指を軽く開いて毛の根本を触り、お尻から頭に向かって、毛の流れに逆らうようになでて毛を立ち上げる。

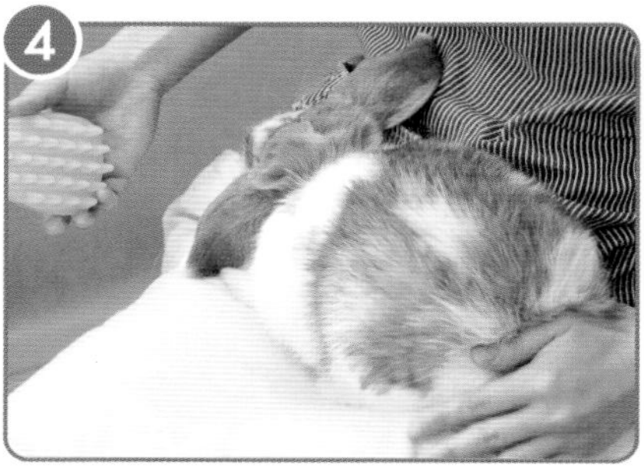

しっかり毛が立ち上がったところ。

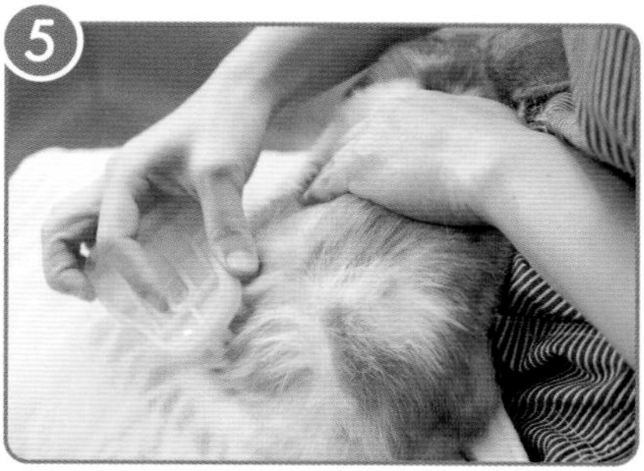

ラバーブラシを使い、毛並みに沿ってブラッシングしていく。

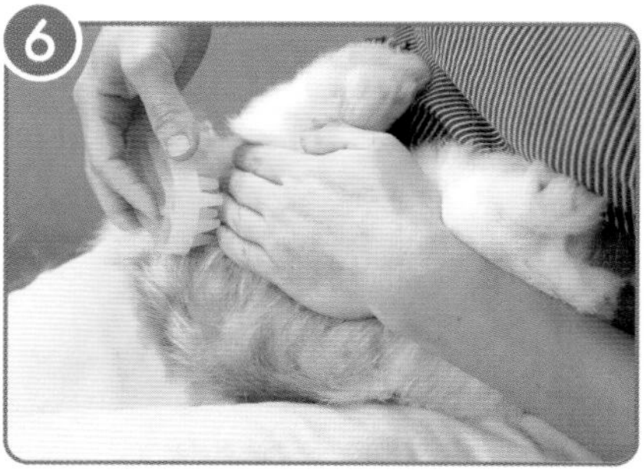

抱っこのしかたを変えて、汚れやすく毛が抜けやすいお尻周りを丁寧にブラッシングする。

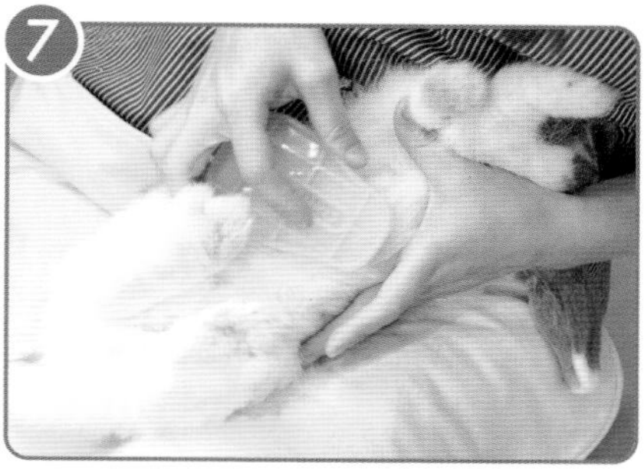

おなか周りの皮膚はとても繊細なため、力を入れずにやさしくブラッシングする。

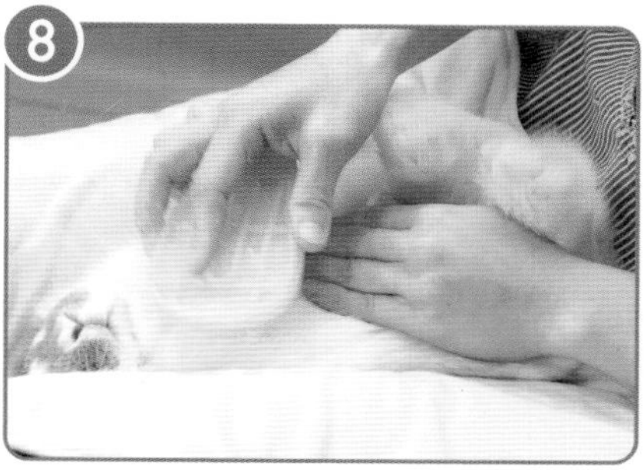

あご下や胸周りはもふもふしているので毛がたくさん抜けるところ。

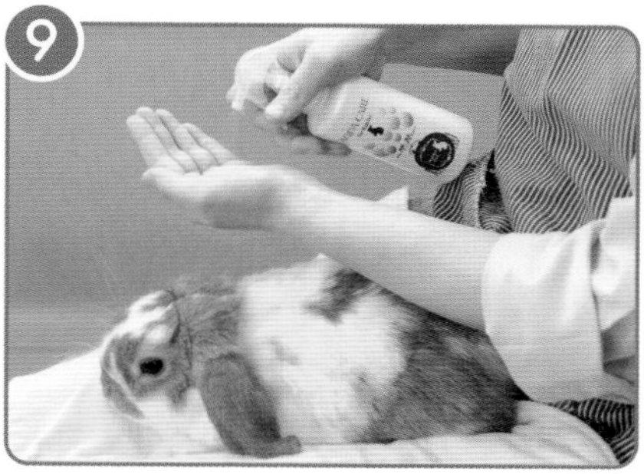

再び手のひらに水をスプレーして湿らせる。

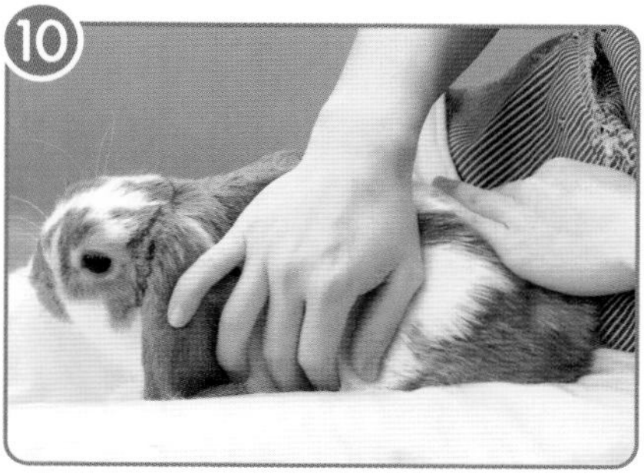

今度は、毛の流れに沿い頭からお尻に向かって、体全体をやさしくなでる。

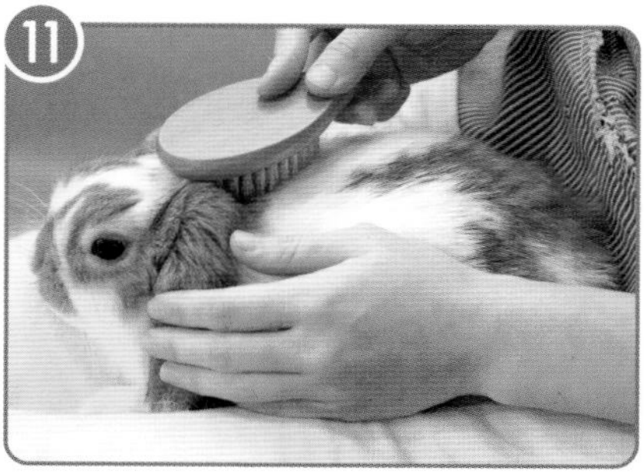

豚毛のブラシを使い、毛並みに沿って体全体をやさしくブラッシングする。

うさコラム

うっ滞を予防するために

ウサギと一緒に暮らす中で、やはり一番の気がかりが「うっ滞」（P.170）です。ウサギの消化器疾患の1つであり、何らかの理由で胃または腸の動きが悪くなり、食物や飲み込んだ毛が消化管にたまる状態を指します。

うっ滞になると、食欲不振（食べる量が減る、全く食べない）、フンが出ない、フンに異常がある、おなかを触られるのを嫌がる、うずくまって動かない、歯ぎしりをするといった様子が見られます。最初は「何となく元気がないかな?」「食欲がないのかな?」と思っている程度でも、急激に悪化し、痛みからショック死してしまうこともあります。早い段階で対処することが大切です。

＼こんな様子に注意！／

うっ滞の予兆

- ☑ ケージの隅でうずくまっている
- ☑ 元気がなくあまり動かない
- ☑ 食欲が減退している
- ☑ フンの量が減っている
- ☑ フンの大きさが小さくなっている
- ☑ フンの大きさがまばらになっている
- ☑ フンに毛が混じって数珠状につながっている

＼うっ滞予防で／

気をつけること

- ☑ 繊維質不足
- ☑ デンプンの摂りすぎ
- ☑ 運動不足
- ☑ 異物の誤飲
- ☑ ストレス過多
- ☑ 激しい寒暖差や気圧の変化
- ☑ 不正咬合

PART 4

ウサギと暮らす

ウサギと幸せに暮らすための、
飼育方法についてチェックしましょう。
1日の行動パターン、
トイレのしつけやスキンシップの方法、
遊び方や散歩などについて紹介します。

活動パターンについて

ウサギが活動的になるのは早朝と夕方

ウサギの生活リズムは「薄明薄暮《はくめいはくぼ》性《せい》」といわれています。つまり、**明け方と夕暮れ時が活動タイム。よく勘違いされていますが、夜行性ではない**のです。この時間帯になると、活発に動き回ったり食餌をしたりして過ごします。

一方、**日中や夜中は休息・睡眠タイム**。じっと静かにしていたり、体を横たえてゴロンとなったり、ウトウト眠ったりして過ごします。

飼い主さんは、ウサギの生活リズムに合わせてウサギと接したいものです。中には、人間の起床時間に合わせてウサギが動き出すなど、ウサギの方が飼い主さんに合わせるようになることもあります。しかし、それがストレスになることもあるので注意が必要です（P.52）。

ウサギは細切れ睡眠をくり返す

睡眠は脳と体を回復し、日中元気に活動するために必要なことです。しかし、**ウサギは何時間も眠り続けることはなく、数分から数十分の睡眠をくり返しています**。驚くかもしれませんが、これは動物の一般的な眠り方です。自然界では敵の襲撃を始終警戒しなければならず、細切れの睡眠になってしまうのです。

細切れではあるものの、その中にも「深め・長めの睡眠」と「浅め・短めの睡眠」があります。深め・長めの睡眠になりやすいのは正午頃と深夜です。ウサギの睡眠を守るためにも、この時間帯は静かに見守りましょう。

睡眠中のウサギの見分け方

ウサギは目を開けて眠ることができるため、眠っているかどうかがわかりにくいですが、次のような状態なら眠っている可能性が大です。

- **小鼻のヒクヒクがゆっくりになって止まる**
- **耳の動きがゆっくりになって止まる**
- **呼吸がゆっくりになる**
- **いびきをかく**

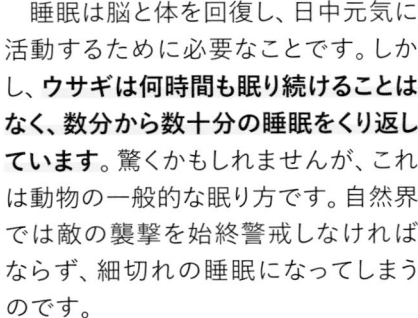

ウサギの生活リズム

早朝

活動タイム

早朝の5～6時頃にケージの中でゴソゴソ動き始めます。おもちゃで遊んだり、ケージの中をかけまわったりなど、活発に動き回ります。そして、昼前頃までが最初の食餌タイムでもあります。

飼い主さんの関わり方

「おはよう」と声をかけて水を取り替え、牧草とペレットを補充しましょう。時間に余裕があるなら、ケージの外に出してスキンシップや遊びを一緒に楽しむのもよいかも。

日中

休息・睡眠タイム

動きが静かになり、じっとしていたり、ウトウトと眠っていたりします。

飼い主さんの関わり方

ケージに入れて、静かにそっとしておきましょう。生活音は立ててもかまいませんが、大きな音はなるべく立てないように。

夕方

活動タイム

日が暮れてくると、早朝と同様に動き始めます。おもちゃで遊んだり、部屋の中をかけまわったりなど、活発に動き回ります。夕方から深夜までは、牧草やペレットを食べる2回目の食餌タイムです。

飼い主さんの関わり方

動き出したら、水を替え、牧草とペレットを補充しましょう。ケージの外に出してウサギと楽しいひとときをどうぞ。健康チェックやブラッシング、トイレのそうじなどのお世話も。

夜

休息・睡眠タイム

夜になると日中と同様に動きが静かになり、じっとしていたり、ウトウトと眠り出します。

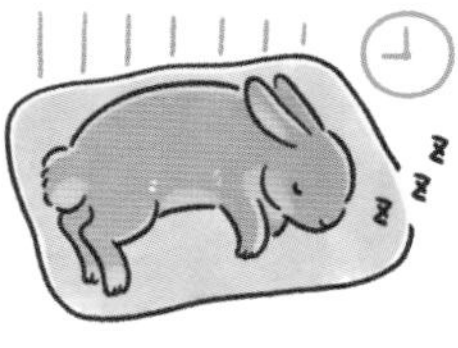

飼い主さんの関わり方

日中と同様にケージに入れて、静かにそっとしておきましょう。

ウサギへの声かけ

コミュニケーションをとる

声かけはやさしく落ち着いた声で

ウサギは賢い動物なので、飼い主さんや家族をしっかり認識して、ある程度人間の言葉を理解します。個体差はあるものの、**スキンシップやコミュニケーションをとることもでき、人間になついてくれる生き物**です。

ただし、ウサギは聴覚が優れているうえ、警戒心がとても強いです。そのため急に大きな声や音を出すと驚いてしまいます。**落ち着いた声でやさしく話しかけてあげて**ください。慣れてくれば人の声も認識するようになりますので、それまでは特に注意してあげてください。

大声で叱っても理解できない

ウサギはさまざまな本能に基づいた行動をします。人にとってはやめてほしい行動もありますが、ウサギは決して悪気があって行動しているわけではありません。**やめてほしいからと大きな声で叱っても、ウサギには理解できません。「恐怖」だけを与えてしまう**こともあります。

行動を制止したいときは、聞き慣れない音を出し、ウサギの気を引いて行動を制止した後、本来すべき行動を促し、それを褒めるようにしましょう。ただし、本能に基づく行動を直すことは困難です。本能の行動を理解し、満足させてあげる環境作りが大切です。

「怒っている」とは認識せず、
「危険」が迫っていると
認識するだけです。

ウサギ同士のコミュニケーション手法で、後ろ足で強く床を踏み鳴らすスタンピング、いわゆる「**足ダン**」という行動があります。これを真似て床を手で叩くとウサギは警戒するので行動を止めますが、これは「**相手に危険であることを伝える方法**」です。単にウサギを驚かせているだけなのでよい方法とはいえません。

仲良くなるために知っておきたいこと

習性を利用して上手に暮らす

本能的なものはしつけでコントロールすることはできません。ウサギの習性や行動学（P.50）を上手に利用しながら、一緒に暮らすことが大切です。

なつき方には個体差あり

個体差はあるものの、全くなつかない子は少ないと考えます。ウサギとよい関係を築くためにも、ウサギが嫌がることはしないように気をつけましょう。

名前を覚える子もいるようです

名前を呼ぶと反応するようになる子もいるようですが、基本的には覚えないものと思ってください。名前を覚えないからといって、なついていないわけではありません。

大きな声はNG

ウサギは大きな声や音が苦手です。仲良くなりたいから、名前を覚えさせたいからと熱が入ってしまうと、ウサギを怖がらせてしまい逆効果です。

触れるときはやさしく

本来ウサギは仲間同士でも身体的接触には消極的。飼い主さんとのスキンシップがそもそもストレスになることも。触れるときはやさしく丁寧を心がけましょう。

ウサギのQ&A

Q 呼んでも来てくれないのはなついていないから？

「ウサギの「なつく」を理解しましょう」

呼んでも来てくれない、手をなめてくれない、飼い主さんの周りをぐるぐる走ってくれない、だからなついていないのだと考えるのは不正解。ウサギにとって「なつく」とは、そばにいても安心できて、嫌なことを伝えられることです。一般的になついたらしてくれるといわれている行動も、全てのウサギがするわけではありません。

ウサギの習性とトイレ

ウサギは決まった場所でトイレをする

野生の名残でウサギは**決まった場所で用を足す習性がある**ため、トイレを覚えさせるにはその習性を利用します。具体的には、まず**用を足す場所を特定しましょう。**

主にケージの隅っこですることが多いので、その場所にトイレを設置します。一般的にトイレは床より高くなっています。見晴らしのよい場所を好むウサギにとっては、トイレの上は落ち着くものです。トイレの大きさはお尻がすっぽり入る適切なサイズを用意してあげてください。**サイズが小さいとウサギ本人はちゃんとしているつもりでも外れていること**があります。

決まったところでオシッコするのがご先祖ウサギからの習性。

フンはトイレでしなくてもOK

便もトイレでしてくれると助かりますが、**トイレを覚えるのはオシッコだけ**だと思っておきましょう。ウサギの腸は常に動いているため、コントロールするのは非常にむずかしいのです。また、ウサギの便は乾燥していてコロコロとした形状なので臭いはほとんどありません。飼い主さんもあまり神経質にならないようにしましょう。

便に比べて**オシッコの臭いはかなりきつい**ため、放置していると部屋の中がオシッコ臭くなってしまうことがありますので、臭い対策は欠かせません。尿をすばやく吸収して消臭するトイレ砂やトイレシートをトイレに敷きましょう。また、汚れたら片付けてあげましょう。

扱いやすく衛生的なトイレ砂がおすすめです。トイレシートはウサギ専用の製品や三角形のトイレ用に形成されている製品が優れていて使いやすいですが、犬猫用のトイレシートを畳んで使ってもよいでしょう。ただし、トイレシートを食べるウサギもいます。超吸収のトイレシートはおなかの中で水分を吸って固まるので、シートを食べる子には適しません。

トイレを覚えさせるコツ

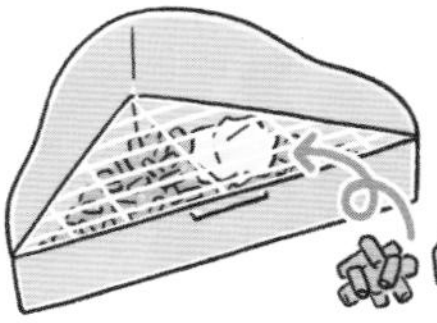

臭いが染みこんだものをトイレに置く

尿を拭き取ったティッシュや使用後のトイレ砂など、臭いが染みこんだものをトイレの中に置いてみましょう。臭いでトイレと認識させる効果があります。

ソワソワしていたらトイレへ

ソワソワしてトイレに行きたそうなそぶりを見せたら、トイレの中に入れてみましょう。お尻をポンポンとやさしく叩いて排尿を促すのもよいでしょう。

成功したらほめてあげる

トイレで排泄ができたら、やさしくなでて「上手にできたね」「お利口さんだね」と明るい口調でほめてあげましょう。ただし過度になでないように。

失敗したらすぐに臭いを取り除く

トイレを間違える場合は、その場所の臭いを取り除きます。臭いが残っているとまたそこでしてしまうため、すぐに拭き取って掃除をしましょう。

トイレ設置のポイント

一般的にケージの隅にトイレを設置します。ウサギの体の大きさに合ったものを準備しましょう。便が下に落ちる「金網タイプ」が衛生的でお掃除も楽です。

中に入れる素材は、砂派? シート派?

■トイレ砂

天然素材(パイン材)を加工したペレット状のトイレ砂やウサギ専用のトイレ砂がおすすめ。尿で膨張するタイプの製品は、入れる量に気をつけて。

■トイレシート

健康状態をチェックするために白いものがおすすめ。犬猫用のトイレシートを畳んでもOK。オシッコの都度交換する必要があるので少々大変。トイレに落ちたものを食べる子には、ワラなどもおすすめです!

トイレの失敗が続くときは

トイレを覚えないときの対処のしかた

トイレを覚えるように飼い主さんが奮闘しても**一向にトイレを覚えてくれないウサギもいます**。個体差がありますので、その場合はトイレを取り外し、トレイにトイレシートやトイレ砂を敷く方法もあります。これではトイレを覚えさせることはできませんが、ケージ内を広く使用できるほか、トイレ掃除がトレイの掃除で済むメリットもあります。**ウサギに合わせた柔軟な対応を工夫するのもよい考えです。**

ただし、トイレが覚えられない際に注意したいことがあります。**その行動が個性ではなく問題行動である可能性**です。ストレス過多になっているウサギはさまざまな問題行動を起こすことがあります。トイレが覚えられないのも問題行動かもしれません。ケージの設置場所、ケージ付近の温度や湿度、騒音や過度な触れ合いなど、ストレスの原因に心当たりがあればそれを取り除いてあげましょう。それだけでトイレを覚えてくれることもよくあります。

大きなサイズのトイレシートをトレイいっぱいに敷けば、毎日の掃除も簡単に。

「部屋んぽ」のときのトイレはどうする？

ケージから出して部屋の中で自由に遊ばせることを「部屋んぽ」といいます（P.132）。部屋んぽ中のトイレについては、ウサギ自身がケージの中に戻ってトイレで排泄をしてくれるのが理想的です。

しかし、これができる子は少数派です。部屋のあちこちで排泄をしてしまうときは、**部屋の中に部屋んぽ用のトイレを設置する**のも1つの手です。

トイレの掃除のしかた

普段の掃除の頻度は?

ウサギはきれい好きで、トイレが汚いとそこで排泄しなくなります。衛生面や臭いの問題のほか、健康チェックになりますので、朝と夕方の1日2回の掃除が理想的です。最低でも1日1回は掃除をしましょう。
健康チェックのために、トイレ掃除の際はトイレやトレイにある全てのウンチを取り除くようにしてください。

1 汚れたものをビニール袋に入れる

トイレシートやトイレ砂をビニール袋に入れて捨てます。

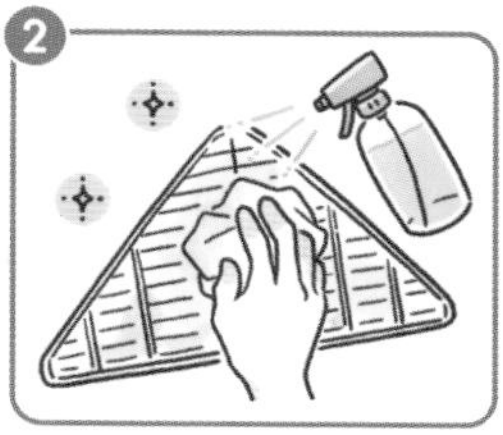

2 汚れを拭き取る

トイレをウエットティッシュやアルコールシートなどでよく拭きます。

尿石はクエン酸で溶かす

トイレに茶色いシミがこびりつくことがありますが、これは尿石です。ウサギの尿はカルシウム成分が多いため、尿石がつきやすいのです。尿石はアルカリ性なので、「酸」で溶かすことができますが、プラスチックや陶器のトイレに使え、安全面でもおすすめなのがクエン酸です。

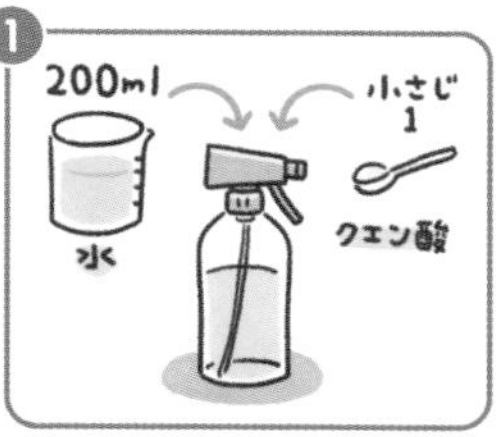

1 クエン酸水を作る

200mlの水の中に小さじ1杯のクエン酸を入れてよく混ぜ、スプレーボトルに入れます。

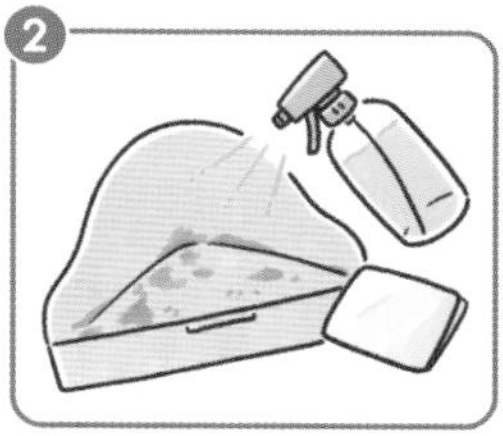

2 汚れに吹きかけ、拭き取る

黄色いシミにクエン酸水を吹きかけ、15分ほどおいてから拭き取ります。金属の部分にはかけないように注意。

★がんこな汚れには、クエン酸の濃度を上げてみましょう。
キッチンペーパーの上からたっぷり吹きかけてしばらくおくと効果的。
★市販のウサギの尿石クリーナーも便利。

ウサギの Q&A

Q フンはどうやって捨てるの?

「お住まいの地方自治体に問い合わせを」

フンの捨て方については、お住まいの地方自治体によって異なります。燃えるゴミに出すところと、トイレに流すところがありますので必ず問い合わせて適切に処理しましょう。
草食のためウサギのフンは臭くありません。コロコロと乾燥しているので、ティッシュペーパーで掴むか、小さなほうきとチリトリで回収してもよいでしょう。

触れ合うために

環境に慣れてから少しずつ仲良しに

ウサギは**警戒心が強く、慣れない人や場所に緊張します**。迎えたウサギを早くなでたり抱っこしたりしたいと思うかもしれませんが、**まずはケージや部屋に慣れさせることが第一**です。

家に迎えて数日経ち、新しい環境に慣れて落ち着いてきたら、スキンシップをとってみましょう。ウサギが安心できるケージの中で、なでることから始めるといいですが、ウサギには**触られてうれしい場所と嫌な場所がある**ので注意が必要です（P.124）。

安心して触れられることの心地よさを感じるようになると、鼻で飼い主さんをツンツンしてきたり、手の下に滑り込んできたりといった行動を見せるようになります。しかし、全てのウサギがそうとは限らず、**なつくまでに時間がかかる子や、クールな子もいます。どれも個性**なのでやさしく見守りたいものです。

実は抱っこが苦手

ウサギがなでられることに慣れてきたら、次は部屋に慣れてもらうために部屋んぽ（P.132）にもトライしてみましょう。スキンシップとしてケージの外でもなでてみて、慣れてきたらいよいよ抱っこに挑戦します。

一般的に、**ウサギはなでられるのが好きですが、実は抱っこは苦手**な動物です。体の自由を奪われることは、敵に捕獲されたようで嫌なのだと考えられます。そのため、地面から持ち上げ

られるのは恐怖です。ウサギの気持ちを考えれば、スキンシップとしての抱っこは必ずしも必要とはいえません。しかし、日々のお世話や病院に行くときなど、抱っこが必要な場面は多くあります。**抱っこに慣れさせることは安全の面からも必要**なので、しつけの1つとして少しずつ練習していきましょう。

ウサギと触れ合うために知っておきたいこと

ケージの外からそっと

飼い始めて数日経って落ち着いたらトライしましょう。ケージの中にいるウサギをそっとなでるところからスタート。

死角から触るとびっくり

ウサギは360度見ることができますが、真正面と真後ろが死角（P.40）。鼻先や背後から手を出すと驚いてしまうので、気をつけて。

頭から背中にかけてやさしくなでる

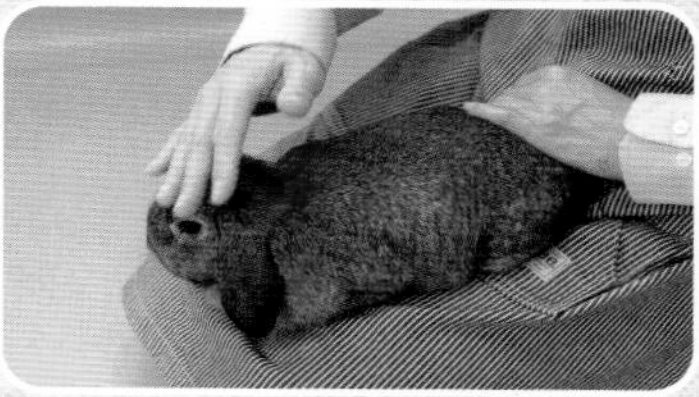

頭をなでられるのが好きな子が多いので、頭から背中にかけてやさしくなでましょう。左右の手を交互に送るようにリズミカルに。

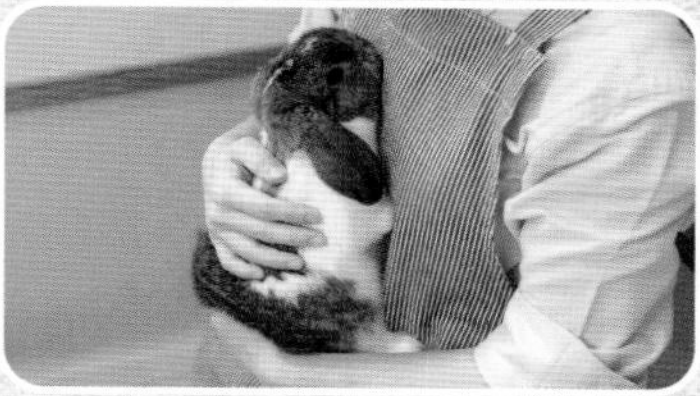

抱っこしているときも同様に、頭から背中にかけてやさしくなでましょう。体をしっかり密着させるのがポイント。

ほっぺが好きな子も

ひげの横からほっぺ周辺をなでると、気持ちよさそうにする子も。やわらかい部分なので爪で引っかかないよう、指の腹でやさしくなでて。

鼻の上辺りをカイカイ

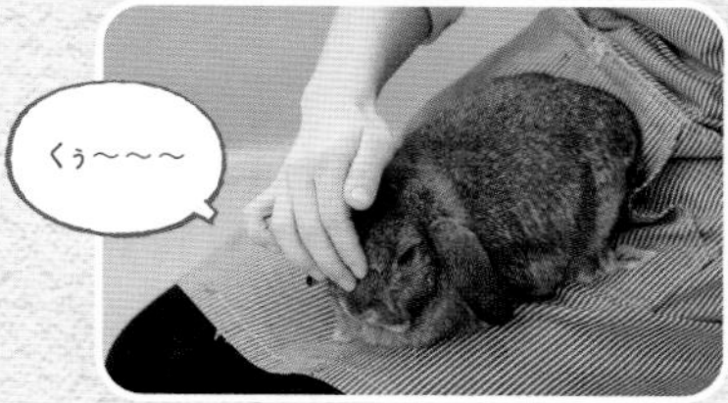

鼻の上のや眉間の辺りを、ごく軽いタッチでカイカイとしてあげるとよろこぶ子も。嫌がったらすぐにやめましょう。

COLUMN

過度なスキンシップはNG

飼いウサギの祖先である「アナウサギ」は群れで暮らしていますが、仲間同士で積極的に触れ合うことはせず、それぞれのテリトリーを守って生きています。その習性は飼いウサギにも受け継がれているため、飼いウサギは過度なスキンシップが苦手なことも覚えておきましょう。

触っていい場所・苦手な場所MAP

うれしい!

頭

目の間から耳の付け根にかけては、なでられると気持ちがいい場所。たいていのウサギが大好き。指先でやさしくなで上げるとよろこんでくれる可能性大。ウサギ同士でもよくなめ合います。

苦手かも!

耳の先、全体

細かい血管や神経が通っていて非常に繊細な部位なので安易に触らないように。引っぱったり握ったりは厳禁。
耳の先端には気持ちを落ち着けるツボがあるので、慣れてきたらそっと試してみても。

うれしい!

耳の付け根

耳の付け根はなでられたり、やさしくもまれたりすると気持ちのいい場所。
耳の根元付近にはくしゃみや鼻水に効くツボがあるので、やさしく円を描くようになでてみて。

うれしい!

頬

頬もなでられると気持ちのいい場所。おでこや背中に慣れたら指先でやさしくなでてあげましょう。

苦手かも!

胸

とてもデリケートな場所。抱っこのときに圧迫されると息苦しくなるので注意を。

苦手かも!

おなか

内臓が収められているデリケートな場所なので、安易に触らないように。抱っこするときも圧迫しないように注意。

少しずつステップアップ

ウサギは体をなでられるのが好きですが、どこをなでられてもいいのではなく、**苦手な場所もあります**。特に最初が肝心で、ウサギを家に迎えた当日にいきなり苦手な場所を触ってウサギを驚かせるような事態は避けたいものです。

ウサギが落ち着いた頃にケージの中にいるウサギに近づいて、**やさしく名前を呼ぶなど声がけをしたうえで、おでこの辺りを慎重になでてあげる**とよいでしょう。おでこが大丈夫なら次は背中というように、少しずつなでる場所を増やしていきましょう。

うれしい!
背中
背中はおでこの次にウサギがなでられるのが好きな場所。毛の流れにそってやさしくなでてあげましょう。

苦手かも!
しっぽ
たいていのウサギが触ってほしくない場所。引っ張ったり、握ったりは厳禁。

苦手かも!
足
触っても嫌がらない子もいるが、たいていの子は苦手。骨が弱いので強く引っぱったり、握ったりはしないように。

なでられてうれしいときのウサギ

- □ じっとしている
- □ 目を細めてうっとりしている
- □ 耳を寝かせてリラックスしている
- □ なでる手を止めると、頭を手の下に入れて催促する

なでられるのが嫌なときのウサギ

- □ 逃げようとしてジタバタする
- □ ソワソワしてくる

→嫌がって暴れると、骨折や捻挫、脱臼などのケガをする恐れがあります。特に骨は弱いので、無理はさせないで!

ウサギの抱っこのしかた

基本の抱っこ

1 やさしくなでて準備

ウサギを驚かせないように、見えるところから手を近づける。名前を呼びながら頭や背中をやさしくなでて「これから抱っこするよ」のサインを送る。

2 抱っこの準備

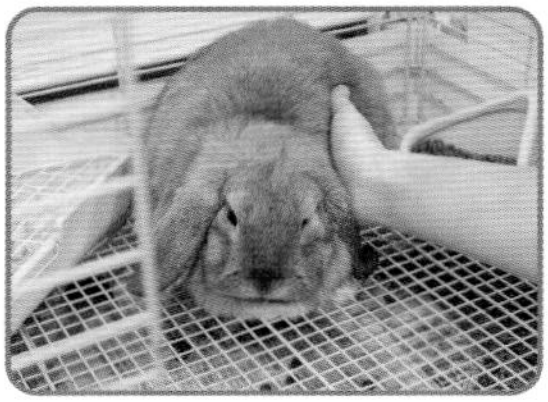

ウサギと対面している状態で、利き手をおなかの下に入れる。

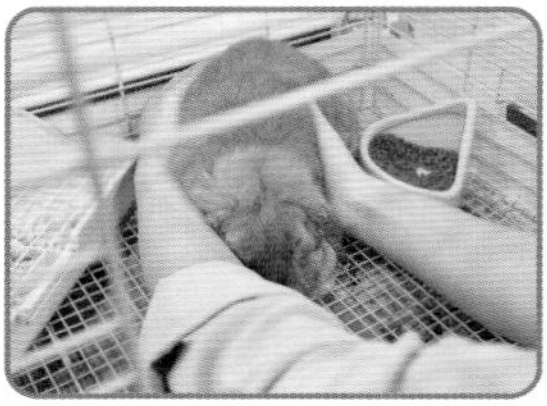

利き手でない方の手でお尻を支える。

3 ウサギを持ち上げる

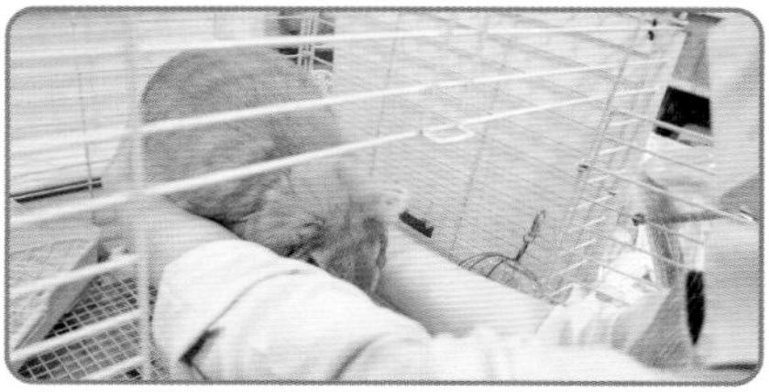

ウサギをしっかり持って宙に持ち上げる。お尻がぶらぶらしないように、しっかりと持つのがポイント。

4 体に引き寄せる

宙に浮かせたら、すばやく自分の体にウサギを引き寄せお迎えする。

気をつけて!

ウサギは四肢が宙に浮いているとパニックになります。持ち上げたらすぐにウサギと自分のおなか同士をくっつけて、安定させましょう。

5 頭をなでて落ち着かせる

頭や背中をやさしくなでると落ち着く。背中に回している手は、いつでもウサギを抑えられるように準備し、突発的な動きに対応できるように備える。

ここも check
ウサギの接し方について
P.80　初めてウサギを迎えたら

抱っこの注意点

強い後ろ足からたくましそうに見えるウサギですが、**骨は薄くてとても繊細です。ちょっとした高さから落ちただけでも骨折や脱臼**をしてしまうので、落下事故に気をつけましょう。抱っこはウサギにとってストレス要因です。おとなしくしていても抱っこは必要最低限にとどめ、長時間抱っこは避けてください。

抱っこでしてはいけないこと

- ■耳を掴んで持ち上げる
- ■お尻を持たずに持ち上げる
- ■片手で持ち上げる
- ■抱っこ中、抱っこしようとして落下
- ■逃げるウサギを上から抑えつける

ひざの上で抱っこ

1 ウサギを持ち上げる

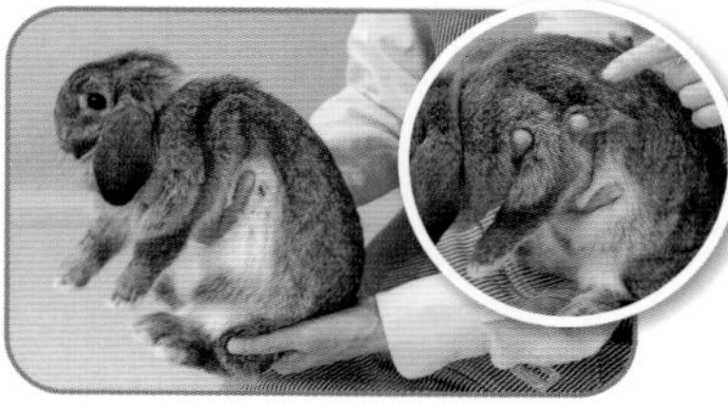

利き手をウサギのおなかの下に入れ、人差し指と中指で前足を固定する。もう一方の手でお尻を支えてウサギを持ち上げる。

2 ひざの上に乗せる

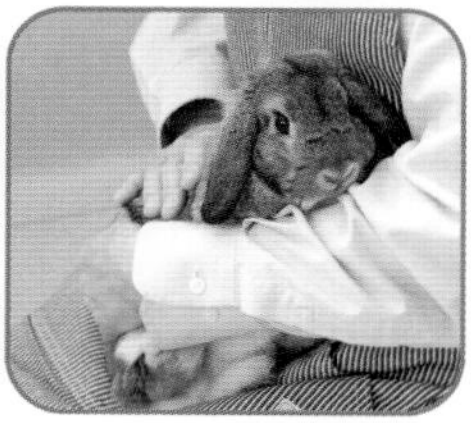

どちらの場合も、常に頭から背中にかけてやさしくなでる。ウサギを落ち着かせると同時に、いつでも抑えられるように備えておく。

ケージに戻す

1 向かい合わせのままケージへ

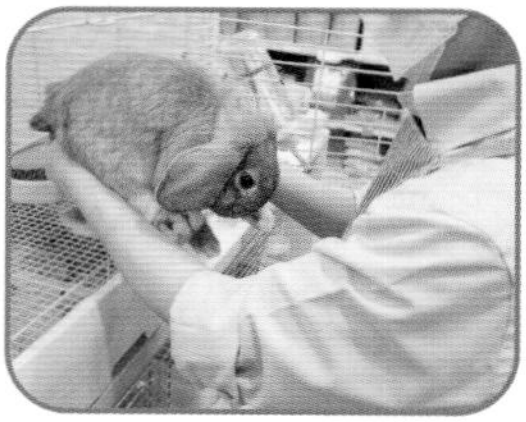

お互い向かい合わせの状態のまま、ケージから出した時と同様に両手で支えながらケージの中に入れる。

※ケージの方に向けてしまうと、ウサギが自分のタイミングで飛び込もうとしてしまい危険です。

2 着地するまでそっと

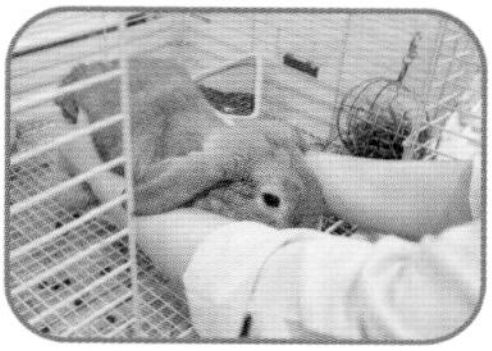

四肢が床に着いたら、そっと手を離す。

もしも暴れたときは

ウサギの体を包み込むように抱っこして、体を密着させます。ギュッと力を入れて抑え込まないように気をつけて。

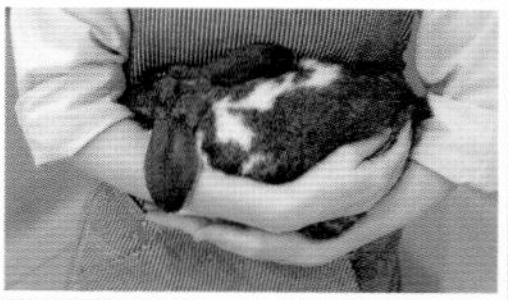

仰向け抱っこ１

1 おなかを持つ

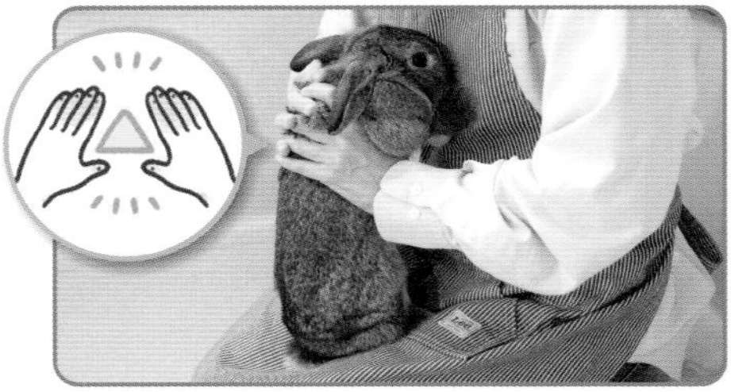

ウサギをひざに乗せて向かい合わせになる。三角の手を作り、ウサギのわき辺りからおなかをしっかり持つ。このとき、お尻が浮かないように気をつける。

2 太ももからお尻を離さない

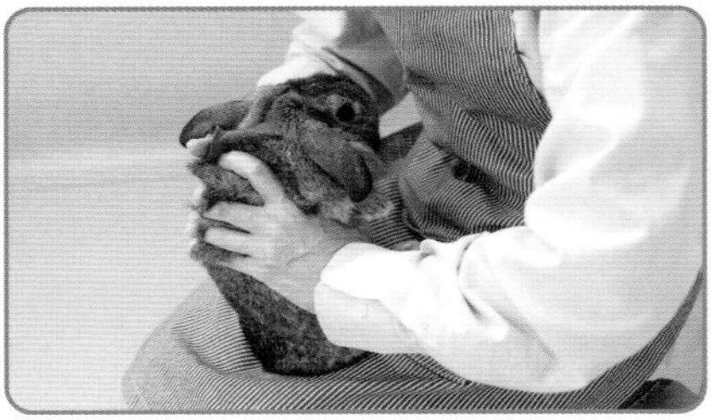

お尻をしっかりと太ももにつけたまま、ゆっくりと仰向けにする。

3 太ももに沿わせてころりん

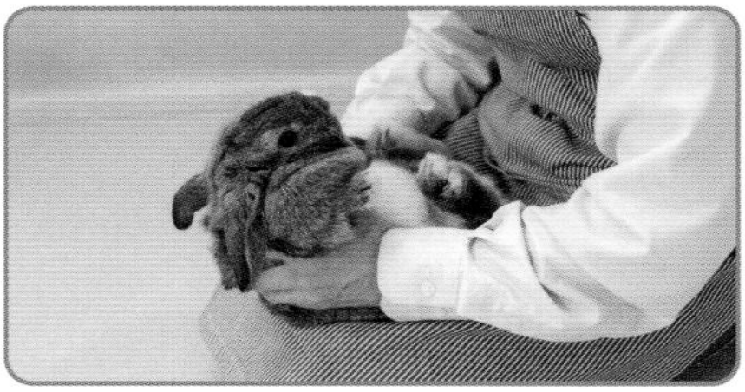

太ももにウサギを沿わすように、ころりんと仰向けに。

4 指で首を固定

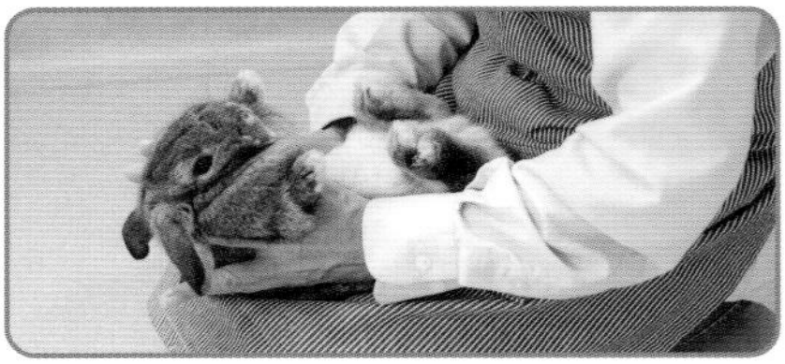

首をひねってしまう子もいるので、人差し指と中指を首の辺りに添えて、首をまっすぐ固定する。

5 仰向けの完成

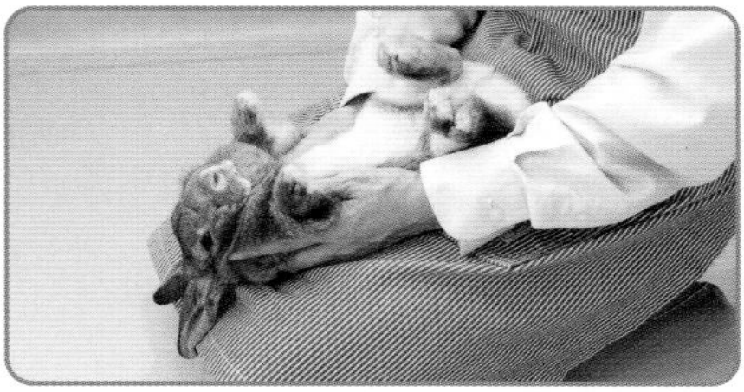

しっかり支えてあげることで、仰向けになっても安心。

こんなときに
仰向け抱っこ１

- 歯のチェック
- 目のチェック
- 耳のチェック
- 前足裏のチェック
- おなかの被毛チェック

※一例ですので、チェック項目はやりやすい方法（仰向け抱っこ１or2）で行ってください。

仰向けだっこ1と2は、主にお世話をするときに行います。
スキンシップとして行うのは控えましょう。

仰向け抱っこ 2

1 おなかと前足を支える

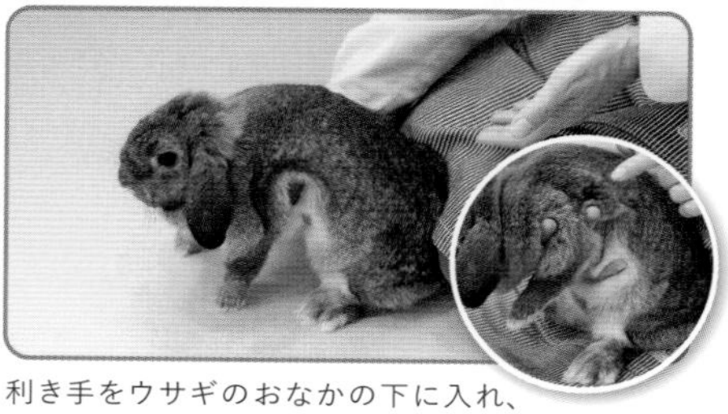

利き手をウサギのおなかの下に入れ、
人差し指と中指で前足を固定する。

2 お尻を支える

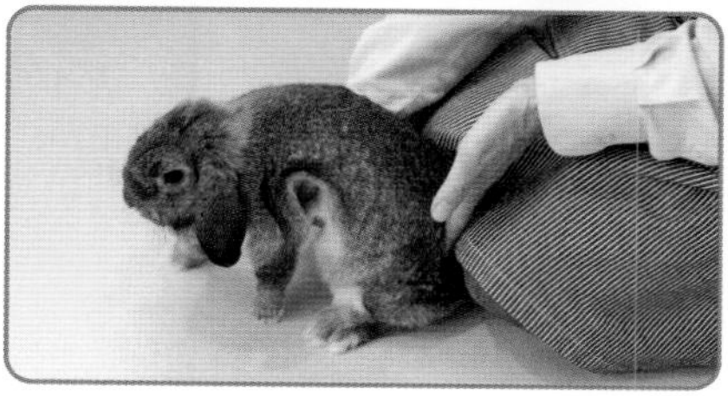

利き手でない方の手でお尻を支える。

3 持ち上げて引き寄せる

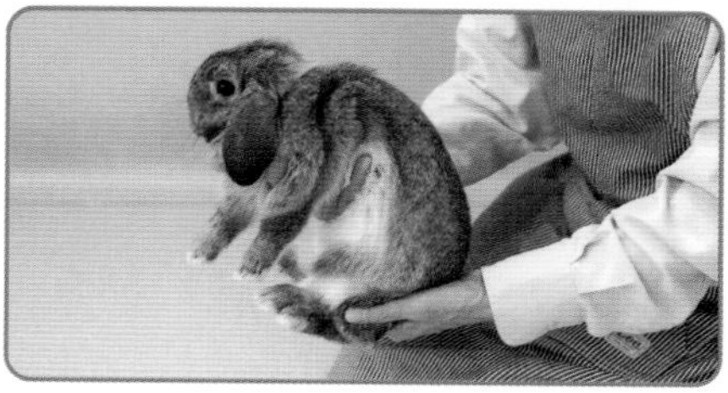

ウサギをしっかりと支えたまま持ち上げて、体に引き寄せる。

4 腕でウサギをキャッチ

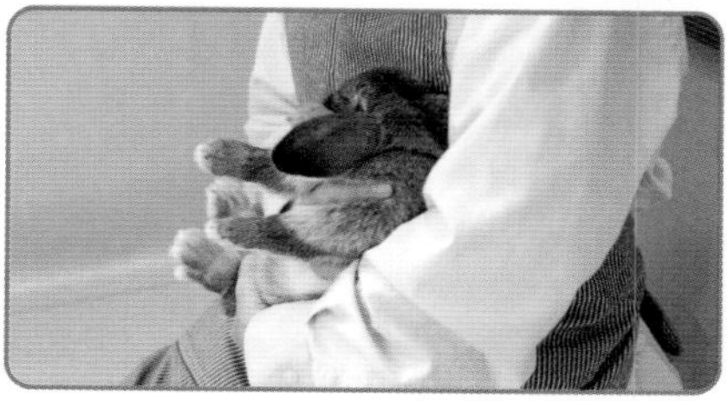

そのままゆっくりと仰向けにして腕で体を受け止める。

5 腕と体でウサギを固定

頭をわきではさむように固定し、ウサギの体をおなかから太ももにかけて沿わせるように寝かせて安定させる。

こんなときに
仰向け抱っこ 2

- 肛門のチェック
- 臭腺のチェック
- 性器のチェック
- 足裏のチェック
- おなかの被毛チェック

※一例ですので、チェック項目はやりやすい方法（仰向け抱っこ1or2）で行ってください。

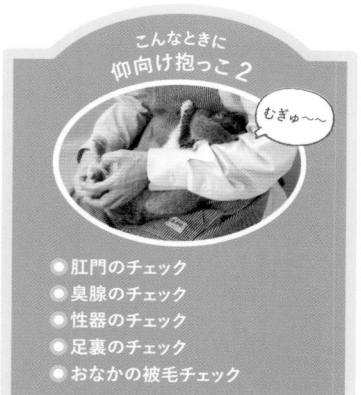

キャリーに慣れさせる

キャリーで移動するために

安全な移動のためにキャリーは必需品

動物病院へ行くときや帰省に一緒に連れていくとき、災害時の避難など、**ウサギと一緒に移動しなければならない場面**があります。そこで必要なのがキャリーケース（以下キャリー）です。「短時間だったら段ボール箱に入れて移動すればよい」と考える人もいるようですが、それは危険です。慣れない箱に身の危険を感じたウサギは、本能的に大きくジャンプして逃げようとする可能性があります。もしも外で逃げ出してしまったら簡単には捕まえられません。その点キャリーなら安心です。いざというときにスムーズにキャリーで移動できるように、日頃からキャリーに慣れさせておきましょう。

快適に過ごせるキャリーを選ぶ

キャリーには**ハードタイプとソフトタイプの2種類**があります。それぞれ特徴があるので、好みや使用条件に合わせて選ぶとよいでしょう。

キャリーの大きさは、広すぎると中で転がってケガをする恐れがありますが、狭すぎても身動きがとれずかわいそうです。**体格に合わせて、方向転換ができる程度の広さのものを選びましょう。**

ハードタイプのキャリー

プラスチック製や金属製で頑丈。ケージを小さくしたような作りで、持ち運べるように取っ手がついています。

ソフトタイプのキャリー

布製のものが多く、軽いので持ち運びが楽。ボストンバッグ型、リュックサック型など形やデザインも豊富。

おすすめは、上部が大きく開けられるキャリー。
ウサギをしっかり抱っこした状態で安全に出し入れすることができ、飛び出しも防ぐことができます。

キャリーケースへの入れ方・出し方

キャリーに入れる

1

キャリーのフタを開けた状態で準備し、ウサギを抱っこする（P.126）。

2

ケージに入れる時と同様に（P.127）、向かい合わせの状態のまま、両手でしっかりとウサギを持ってケージに入れる。

キャリーから出す

1

ケージから出す時と同様に（P.126）、ウサギと対面している状態で、両手でしっかりとウサギを持ち上げる。

2

すばやく自分の体にウサギを引き寄せお迎えする。頭をなでて落ち着かせる。

キャリーに慣れさせるために

必要な時にスムーズにキャリーに入ってもらえるように、日頃からキャリーに慣れてもらいましょう。部屋んぽ中に入れてみる、キャリーの中でおやつを与えるなどして、ここが自分のテリトリーで安心できる場所だと認識してもらいます。

移動するときのポイント

■水分補給

長時間の移動や災害時の避難の際には、給水ボトルが取り付けられるキャリーがおすすめ。移動中に水を飲まない子も多いので、生野菜を入れるなど工夫を。

■熱中症対策

気温が26度を超えるとウサギは苦しくなるため、夏だけでなく春や秋も注意が必要。涼しく過ごせるように、通気性のよいキャリーや冷却グッズ（P.79）の使用で対策してください。

ウサギを遊ばせる

部屋んぽで運動遊び

ウサギの遊びは自己完結型

動物の遊び方を大きく分けると、自分で体を動かす「運動遊び」、モノを使って遊ぶ「物体遊び」、ほかの個体（ウサギ、人間など）と遊ぶ「社会的遊び」の3つがあります。

飼い主さんとしては、ウサギと一緒にボールなどで遊ぶ「社会的遊び」をしたいところですが、**飼い主と一緒に遊びを楽しめるウサギはそう多くはありません**。もちろん、個体差はあるため、人との交流を楽しみながら遊ぶケースもありますが、基本的には人を巻き込まない自己完結型の遊びが主だということを覚えておきましょう。

ウサギが好んでよくする遊びは、運動遊びです。飼い主さんから見ると、**ただ走ったりジャンプしたり**しているだけに見えますが、ウサギはとてもご機嫌に楽しく遊んでいます。しかも、運動遊びは野生のウサギにとっては、敵（捕食者）から素早く逃げたり隠れたりするためのトレーニングの役割も兼ねていて、飼いウサギにもそれは受け継がれています。

1日1回ケージから出して遊ばせる

ウサギはケージで飼育するのが基本ですが、ケージの中は狭いので十分な運動遊びができません。そこで、**1日に1回はケージから出し、部屋の中で自由に遊ばせてあげましょう**。これを「**部屋んぽ**」と呼んでいます。部屋んぽは、ウサギのストレス解消のためにも役立ちます。

ウサギはおとなしく、じっとしていてあまり遊ばない動物、と考える人もいますがそれは大きな誤解です。ウサギが運動遊びで見せる行動は、ご機嫌なときに見せてくれるしぐさでもあります。つまり、ウサギが楽しい・幸せな気持ちのときに見せてくれるしぐさを伴った運動遊びは、ウサギの心が満たされている状態であり、**遊ぶ姿は健康状態のバロメーター**ともいえるのです。

部屋んぽのポイント

- ☐ **時間は30分〜2時間程度**
- ☐ **毎日決まった時間に行う**

1日1回はケージの外へ
部屋の中で自由に遊ばせます。

ウサギの遊び

運動遊び

- 勢いよく体をひねる
- 頭をフリフリと動かす
- 高速ダッシュ
- 頭と体を反対方向へねじる
- 高くジャンプする
- 突然向きを変える
- ジグザクに飛び跳ねる

など

ウサギが「幸せ!」「楽しい!」と感じる遊び。

物体遊び

- ボールを転がす
- トンネルをくぐる

など

本能を刺激するおもちゃを与えるのがポイント(P.134)。

社会的遊び

- 子ウサギ同士でじゃれ合う

など

飼い主さんと一緒に遊ぶウサギはそれほど多くはありません。

ウサギの Q&A

Q なぜ社会的遊びが苦手?

「獲物にされる動物だから」

犬が人間の投げたボールを追ったり、猫が猫じゃらしにパンチをしたりするのは、彼らには獲物を追うという本能があるからです。一方、獲物として追われる側のウサギの場合、人間からの働きを受けて楽しく遊ぶことは成立しにくいといえます。ウサギの遊びは基本的に自己完結型で、そこに人間は入りにくいのです。

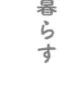

ウサギとおもちゃ

ケージに入れるおもちゃ

ウサギは「運動遊び」が好きですが、一方で**本能を刺激してくれるおもちゃで遊ぶことも好き**です。特に「かじる」「もぐる・隠れる」「掘る」「走る」「フードを探す」といった、本能的な欲求を満たしてくれるおもちゃを好みます。

ケージの中にこうしたおもちゃを入れてあげれば、ウサギは「物体遊び」をするようになり、**ケージの中でも退屈せずに過ごす**ことができます。精神的な満足感も得られるので、ストレスの解消・軽減にもつながるでしょう。

おもちゃは安全第一で選ぶ

おもちゃ選びで**もっとも大切なことは安全性**です。ウサギはモノをかじるという特性があるため、**口の中に入ったり、食べたりしても安全な素材**を使っていることが必須です。

そのため、ウサギのおもちゃはチモシー（牧草の一種）でできているものが多いです。これならかじっても安心ですが、農薬が付着していると中毒を起こすことがあるので、安全性を確認して購入しましょう。

プラスチック製のおもちゃは、かじって破壊してしまうと破片を誤飲し、胃腸を傷つけ、うっ滞（P.170）の原因にもなりかねません。安全でない素材のおもちゃは、避けた方がよいでしょう。

おもちゃ選びのポイント

- □ 信頼できるお店、ウサギのことに詳しい人がいるお店で購入する
- □ チモシーは安全性を確認して選ぶ
- □ 糸や針金、プラスチックなど、誤飲の心配があるものを使っていないおもちゃを選ぶ

ウサギのQ&A

Q 「かじり木」は必要？

「必要ではない」

伸び続ける歯を削ってくれるおもちゃとして、以前はかじり木（木製のおもちゃ）が推奨されていました。しかし、歯への負担が大きいことが知られて現在は推奨されていません。歯は牧草を食べることで自然に削られるので、良質な牧草を与えることが大事です。

ウサギがよろこぶおもちゃ

かじる

かじりたいのはウサギの本能

ウサギの歯は全てが毎日伸び続けている「常生歯」。自然界で木の皮、根などの硬いものをかじっていると、自然に歯がすり減ってしまうので、それに対応するために備わった特性です。そのため、ウサギは本能的に何かをかじりたがります。その欲求を満たすおもちゃを与えましょう。

もじゃもじゃ

チモシーでできたマットの一種。ケージの側面にセットすれば、かじったりひっぱったり思いきり遊べます。

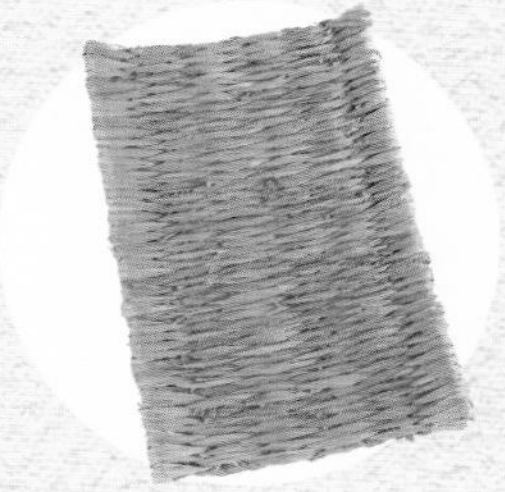

チモシーで編まれたマット

ケージの床に置いて好きにかじってもらうおもちゃ。これを掘って楽しむ子もいます。

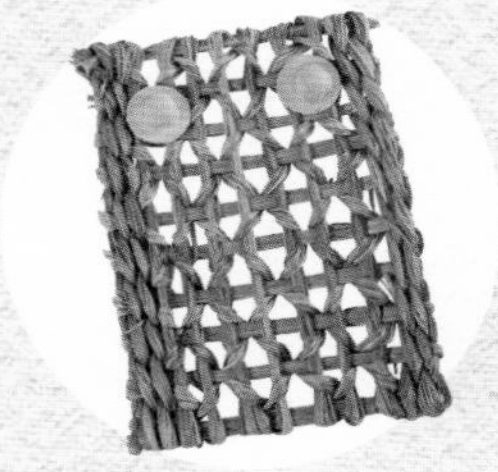

チモシーボード

ケージの柵に取り付けることができるので、柵の金属をかじってしまう子におすすめ。掘って楽しむ子もいます。

チモシーなどで編まれたボール

ケージに吊り下げれば、かじるために立ち上がったり、ゆれるボールに合わせて動いたりなどでよい運動に。床に置いてボールとして転がすこともできます。

ケージをかじる子には対策を！

ウサギがケージをかじる要因は「ご飯が食べたい」「遊びたい」といった飼い主さんへの欲求の表現、もしくは退屈したりストレスを感じているからだともいわれています。まずは、原因となっているウサギの欲求を解決してあげることが第一です。

かじる原因

■欲求の表現のケース

ウサギが好む牧草にあえて好まない牧草も混ぜて入れる、フードをあえて隠して置くなど、食餌に費やす時間を増やしてあげるようにします。

■退屈やストレスのケース

ケージの外に出す頻度をあげて、十分な運動をさせましょう。ケージの中にもおもちゃを入れて、ウサギが退屈しないようにします。

歯を守るために

ウサギはかじり不足だとストレスがたまり、不正咬合（P.169）の原因になります。しかし、ケージの柵のような歯より硬いものをかじることは、かえって不正咬合を招いてしまいます。ケージの側面にチモシーマットやボード、もじゃもじゃを取り付けるなどして、かじらないような対策をとるのも1つの方法です。

ウサギがよろこぶおもちゃ

もぐる・隠れる

ウサギは狭いところが好き

ウサギは狭い場所にもぐったり、隠れたりするのが好きです。全身が入るおもちゃをケージに置くと中に入って遊びます。

トンネル

ジャバラ式になっていて長く伸ばせるおもちゃ。駆け抜けたり、中でくつろいだりなどして遊びます。

布製マット

立体的に折りたたんで置いてあげると、もぐって遊ぶことも。マットはいろいろ使えるので便利!

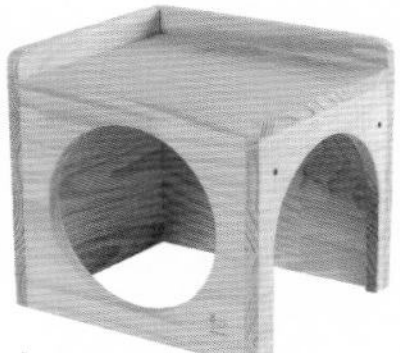

ハウス

隠れたり、くぐったり、登ったりして楽しむことができます。

掘る

ウサギはホリホリが好き

ウサギは地面を掘るのが好きで、部屋の中でもやわらかい敷物や座布団などを見つけると前足でホリホリします。野生のウサギは地面を掘って中に巣穴を作るので、その習性が飼いウサギにも受け継がれているのです。

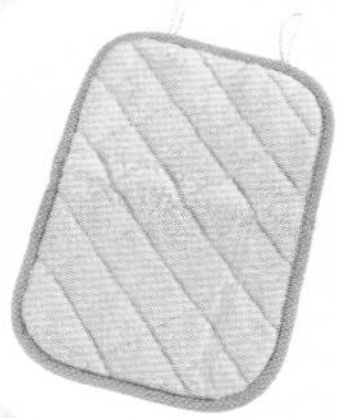

布製マット

布製だが、ウサギ専用に丈夫に作られたマット。古タオルなどで代用すると、掘っているうちに破れてその断片を食べてしまう恐れがあるので、ウサギ専用マットがおすすめ。ただし、ボロボロにして食べてしまうのなら取り除いてください。

走る

ウサギは狭いケージの中でも走る

ウサギは部屋の中を走るのが好きですが、狭いケージの中でも走って飼い主さんを驚かせることがあります。

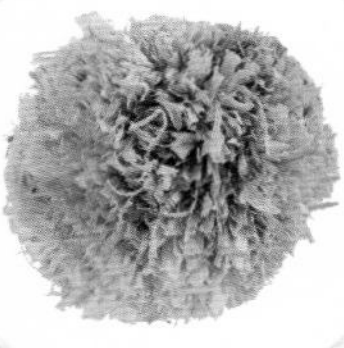

ボール

天然素材でできたボール。ボールを足で蹴る、鼻先でつつく、追いかけて走る、乗るなどして遊びます。走るのが好きなウサギにはおすすめ。部屋で遊ばせるときに使うと効果的です。

フード探し

フードを探し出すことが楽しみに

野生のウサギは起きている間はずっとエサを探しています。その苦労は大変なものと思われますが、意外なことに動物は労せずにエサを得るよりも、苦労や努力を重ねた代価としてエサという報酬を得る方を好むことが研究によってわかっています。これを「コントラフリーローディング効果」といいます。飼いウサギにも、エサ（フード）を探す楽しみを与えてあげたいものです。

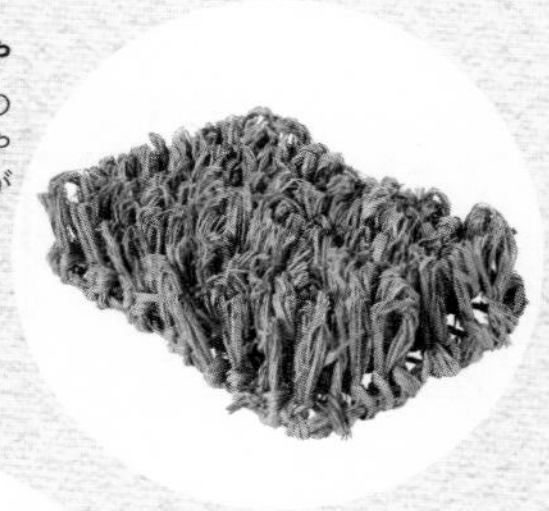

もじゃもじゃ
チモシーでできたマットの一種。中にペレットやおやつを隠しておき、ウサギがホリホリして探し出します。

ウサギボール
チモシーで作られたボール。穴が開いていて中にペレットやおやつを入れられる。ウサギがボールを転がしたり、穴をかじったりすると中身を食べられます。

「フォレイジング」で幸福度UP

フォレイジングとは、エサを自分で探し出すことにより、見つけたよろこびをウサギに感じてもらうことです。自然界に暮らすウサギは、常にエサを探すことに時間を費やしていますが、飼いウサギは決まった時間にたっぷりの食餌を与えられるため、どうしても退屈してしまいます。エサを探してドキドキし、自分で見つけ出して食べるという一連の行動は、ウサギの心を満たすためにも、そして環境エンリッチメントのためにも大切な時間だと考えます。

ウサギのQ&A

Q おもちゃに関心がないときは？

「無理強いは厳禁」
その子がどのような習性を強く示すのか、よく観察してその子に合ったおもちゃを与えることが大事です。たとえば、かじるよりも掘ることに熱心な子であれば、掘るためのおもちゃを与えるなどしましょう。ウサギによってはどのおもちゃにも関心を示さない子もいますが、それも個性です。無理強いはストレスになるのでやめましょう。

遊ぶためのスペース作り

最初はサークルで囲った空間で

思いっきり運動遊びをするには、広いスペースが必要です。ケージを置いている部屋全体を、部屋んぽに使えるのが理想的です。

しかし、いきなり広い場所に出すと、驚いて落ち着かなくなる子もいます。飼い主さんも不安であれば、**最初はケージ周辺のスペースをサークルで囲い、その中で遊ばせるとよいでしょう。**広さは1～2畳分ぐらいから始め、徐々にスペースを広げ、最終的にはサークルをはずして部屋全体で遊ばせるようにします。

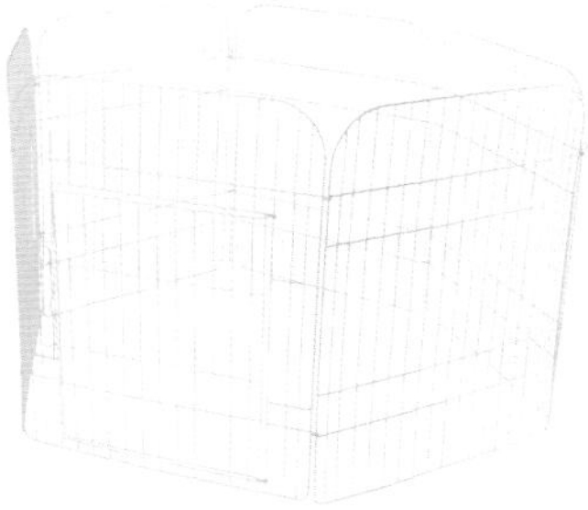

部屋に合わせて使える便利なウサギ専用のサークル。

部屋んぽ中のウサギをよく観察する

ウサギをケージから出して部屋で遊ばせている間、飼い主さんは何をしたらよいのか悩むかもしれません。まずは、ウサギの動きやかわいらしいしぐさを見て、楽しみましょう。ケージの中ではおとなしかった子が元気いっぱい走り回るなど、新たな発見があるかもしれません。

部屋んぽの時間は体調チェックタイム。

ウサギの様子もよく観察しましょう。目がキラキラしている、動きがキビキビしているのであれば、それは機嫌よく遊んでいる印。体調もよいと推測できます。毎日観察していれば、今日はいつもと比べて元気がないなどと、**体調の変化も察知できます。**また、高いところに登ったりするなど、危険なことをしないように注視しましょう。

近くに寄ってきたら、なでてあげたり抱っこをしたりしてスキンシップを楽しむチャンスです。

サークルを使ったスペース作り

**いきなり部屋全体で遊ばせるのが不安なときは、
サークルで囲ったスペースを作り、そこで遊ばせてみましょう。**

サークルで囲む

ケージも含めてサークルで囲みます。ケージの扉はすぐに中に駆け込めるように開けておきます。

床にマットなどを敷く

フローリングは滑りやすく、脚に負担がかかるので、フロアマットや毛足の短いカーペットなどを敷いてください。ただし、毛足の長いものは脚を引っかける恐れがあるため注意です。

ウサギ専用のマットもおすすめ！

おもちゃを置く

お気に入りのおもちゃも置いてあげましょう。ボールやトンネルなどは広いスペースでより楽しめそう。

ウサギの Q&A

Q 1日中放し飼いでもいい？

「基本はケージで飼育します」

部屋んぽが順調に行われていると、飼い主さんの中には「いっそのこと放し飼いにしたい」という気持ちになる人もいるかもしれません。しかし、放し飼いをしてしまうとウサギは部屋全体を自分の縄張りと認識するようになり、縄張り内では飼い主に対して強気になってしまいます。そうなると、ブラッシングや爪切りなどのケア、病気になったときの投薬などに手こずることになってしまいます。「基本はケージで飼育」の原則は崩さないようにしましょう。

部屋全体を使って遊ばせる

部屋の中を安全空間にする

部屋全体を使い、ウサギを遊ばせるための**準備としてもっとも大事なのは、安全対策**です。事故でウサギがケガをしたり、健康を損ねたりしないようにしなければいけません。部屋の中を点検して、危険なものがあれば別の部屋に移したり、ウサギが近づけないような対処をするなどしましょう。

ウサギにとって危険なもの

観葉植物などの鉢植え

ポトスやアイビーなどの観葉植物やサボテン、シクラメンなどには、ウサギにとって有害な成分が含まれています。鉢の中の土や肥料をかじってしまう危険もあります。鉢植えはウサギから遠ざけましょう。

人間の食べ物

チョコレート、アボカド、ネギ類などには、ウサギが食べると中毒症状を起こして、命の危険性さえある成分が含まれています。刺激が強かったり、消化できなかったりする食べ物もあるので、出しっぱなしは厳禁。

電気製品のコード類

かじるのが好きなウサギは、コード類も遠慮なくかじってしまいます。通電していれば感電する恐れもあるので、コードカバーをつけたり、ウサギがコードに近づけないようにサークルやフェンスで防御しましょう。

ウサギが遊ぶ部屋作り

❶ 危険箇所はサークルやフェンスでガード

コード類がひしめいているテレビ台やキッチンの入り口など、ウサギに近づいてほしくない場所はサークルで囲ったり、フェンスを置いて防御。

❷ ケージの扉は開けておく

ウサギがすぐに駆け込めるように、ケージの扉は開けておきます。

❸ 部屋はすっきり片付ける

ウサギをケージから出す前に、かじると危険なもの、落下したら危ないもの、不要なものなどを片付け、部屋をすっきり空間に。

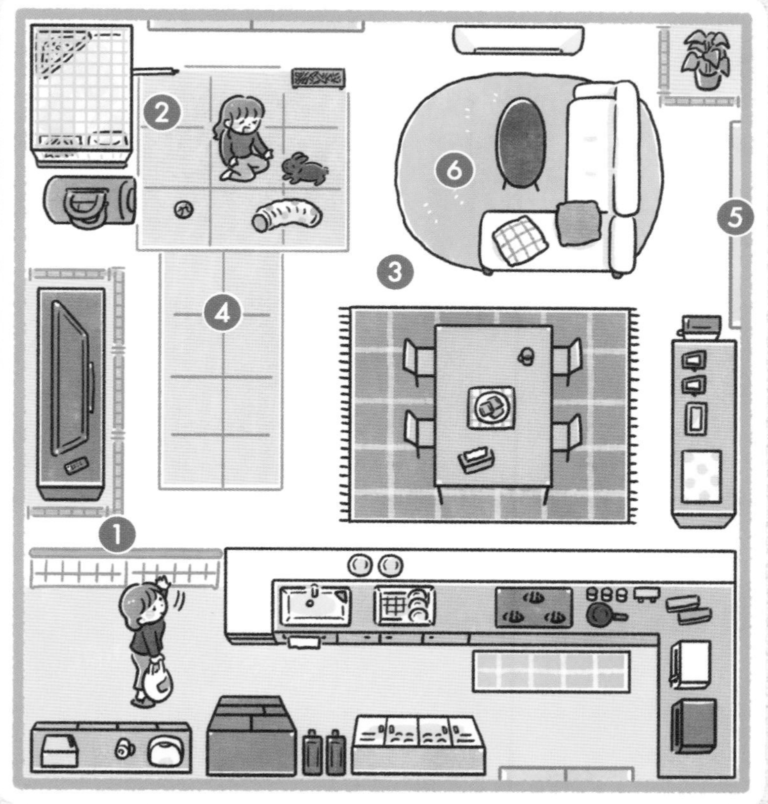

❹ フロアマットなどを敷く

フローリングは滑りやすいので、フロアマットや毛足の短いカーペットなどを敷くと安心。

❺ 窓は確実に閉める

ウサギが逃げてしまうと大変。窓が締まっているか十分に確認を。

❻ 家具はそのままに

何もないガランとした部屋だとウサギは落ち着かないもの。ソファーやテーブルなどの家具は身を隠したり、もぐったりできるのでそのままでOK。

お散歩をする

うさんぽに行こう

公園などで楽しくお散歩タイム

ウサギを外でお散歩させることを「うさんぽ」といいます。お散歩といっても、犬のように毎日自宅周辺の道を歩くのではなく、**頻度はあくまでもときどき**。公園などの目的地までは**キャリーに入れて移動**するのがウサギのお散歩スタイルです。目的地に着いたら、リードをつけて一緒に歩いたり、持参したサークルを立てて中で自由に遊ばせたりしてお散歩タイムを楽しみます。

外に出れば、家の中とは違う世界が広がっています。いつもと違う景色、地面の感触、音、光、風、においがウサギの感覚機能をほどよく刺激することは、心身の健康によい影響を与えてくれます。

外の世界はウサギの感覚を刺激してくれるものがいっぱい。

お散歩がストレスになる子もいる

ウサギにとって有益な面があるお散歩ですが、お散歩中に犬や猫と接触したり、カラスに狙われたり、除草剤や農薬が付着した草花を口にしてしまったりなどのリスクもあります。飼い主さんが心配であれば、無理にお散歩をする必要はないでしょう。

お散歩に向いていない子もいます。臆病な子や警戒心の強い子の場合、外へ出すとおびえてしまい、それがストレスになることがあるからです。試しに庭などの安全な場所にリードをつけたウサギを出して、様子を観察してみましょう。とてもおびえているようなら、お散歩はやめた方が無難です。ただし、時間をかけて少しずつ慣らしていくことは可能ですから、何回か試して結論を出してもよいでしょう。

お散歩に行く前の準備

ハーネス、リードに慣れさせる

安全確保と逃走予防のため、お散歩中はハーネス、リードが必須。首輪は頭が抜けてしまうことがあるので、体をしっかりホールドできるベスト型のハーネスが最適です。まず室内でリードをつけて歩く練習から始めましょう。

キャリーに慣れさせる

目的地まではキャリーに入れて移動するので、キャリーに慣れさせておきましょう（P.130）。

抱っこに慣れさせる

外ではすぐに抱っこして、危険から回避する必要に迫られるときもあります。嫌がらず抱っこされるように練習を（P.126）。

庭などでお散歩の練習

庭や家の近くなど、危険ではない場所にリードをつけたウサギを連れ出して外の世界に少しずつ慣れさせておきましょう。

ハーネスとリードの着け方

1

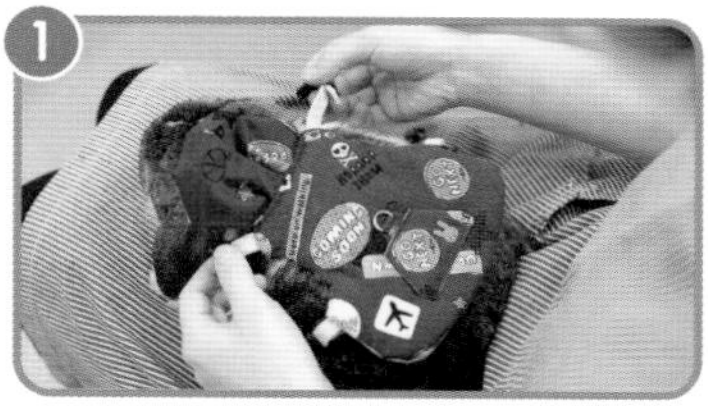

アジャスターの調整

ウサギは首と頭の大きさがほぼ同じなため、頭の大きさに合わせてアジャスターの長さを調整し、準備する。

2

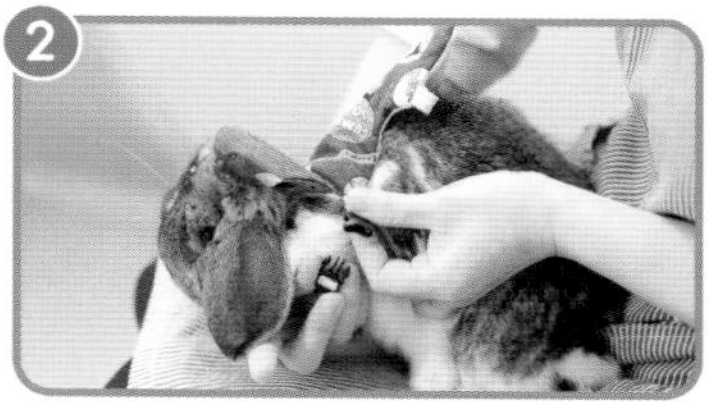

セットする

首→胴体の順番に留め具をセットする。首は意外とスリムなので、少しきつめでOK。

3

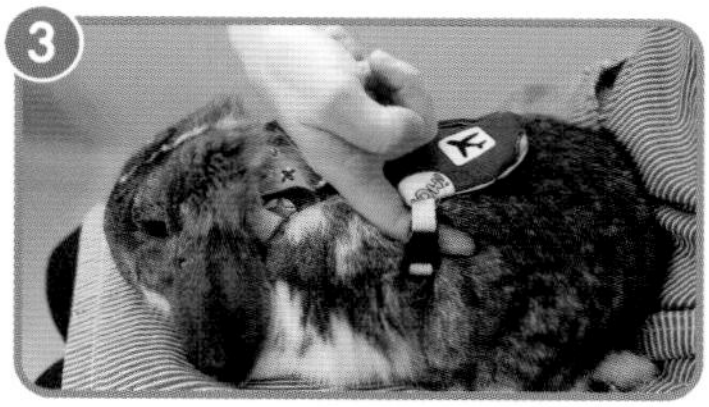

おなかはゆとりを

おなか側は、指1本入るくらいのゆとりをもたせる。

4

気をつけて!

強く引っ張ると骨折することもあるので注意!

リードを付ける

リードを取り付ける。

COLUMN

ハーネス、リード選びのポイント

販売されているハーネスにはさまざまなタイプがありますが、一般的なのはベストタイプと紐タイプです。その子の体格や性格に合わせて選ぶとよいでしょう。

お散歩のポイント

事前に下見に行っておくと安心

お散歩に行く公園に関しては、できるだけ情報を集めておきましょう。公園によっては、**ペットの入園を禁止**しているところ、リードをつければ入園できるところ、誓約書が必要なところなどがあります。

初めて行く公園なら下見をしておきたいところです。行く予定の日と同じ曜日や時間に行き、混み具合や散歩中の犬の様子、カラスがいないか、ボールは飛んでこないかなどをチェックして、安心してお散歩ができそうかどうか判断しましょう。

まだ数は少ないですが、**ラビットランも徐々に増えています**。リードを外して、広いスペースの中を自由に走り回れるのが魅力です。男の子と女の子が混ざらないようにエリア分けがしてあるところがほとんどですが、利用の際はよく確認しましょう。

天気のよい日に行き、疲れる前に帰る

お散歩は真冬や真夏を避け、穏やかな季節に行きましょう。天気のよさそうな日を選びますが、風が強かったり、雨がふりそうだったりしたら日程を変更します。

当日はとにかく安全第一で、ウサギがトラブルに巻き込まれないように注意をしてください。キャリーでの移動、慣れない場所でのお散歩はウサギにとっては疲れるものかもしれません。最初は30分以内、慣れてきても1時間ほどで帰るようにしましょう。

お散歩のときの持ち物

- □ **飲み水と食器**
  飲み水と水飲み器（給水器、皿など）は必ず持参。
- □ **タオルやウエットティッシュ**
  体が汚れたときや、帰りにキャリーに入れる前に足裏をふくときなどに使用。
- □ **おやつ**
  いつものおやつを持参。

安全なお散歩のために

絶対に目を離さない

イヌやネコ、カラスなどが寄ってくる可能性があるので、絶対にウサギから目を離さないようにします。危険を感じたら、すぐにウサギを抱っこして守りましょう。

サークルを立てて遊ばせる

ウサギを自由に遊ばせたいときは、サークル（飛び出せない高さのもの）を立てて中へ。夏は熱中症にならないように、直射日光が当たらない木陰などに設置を。

ウサギ同士の交流に注意

ほかのウサギと安易に接触すると、男の子同士ではケンカが始まることがあるので要注意。一方、女の子は一瞬で交尾され妊娠する可能性もあるので、避妊手術をしていない場合は警戒を。

草花や食べ物は口に入れさせない

草花に除草剤や農薬などが付着している場合があるので、口に入れそうになったらすぐにリードを引いたり、抱き上げたりして阻止を。落ちている食べ物にも注意を。

うさんぽデビューの前に

ウサギに詳しい動物病院で、ノミとダニの予防薬を処方してもらうのが安心です。予防薬を使用するのは散歩の数日前で十分です。しっかりとノミダニ予防をするならば1～2カ月に1回予防薬を使用するとよいでしょう。

お留守番をする

お留守番をさせるときは

環境を整えれば長時間のお留守番は可能

飼い主さんが仕事や学校などで外出している間、ウサギをひとりでお留守番をさせるのはよくあることですが、ウサギが不自由をしないか、飼い主さんの心配はつきないかもしれません。

お留守番の時間は何時間ぐらいまでならいいのかですが、一般的に**許容範囲は11時間前後**といわれています。仮に朝8時に仕事に出かけ、夜7時に帰宅すればちょうど11時間。この程度であれば大丈夫といえます。

ただし、お留守番の間、ウサギが快適に過ごせるように環境を整えてあげる必要があります。**重要なのは「適切な温度」と「水」、「牧草」**。これらを出かける前に確実に整えましょう。

お留守番時の必須事項

- □ 必ずウサギをケージに入れる
- □ 地震に備え、ケージの周囲に危険なもの、落下しそうなものは置かない
- □ 環境（適切な温度、水、牧草）を整える（次ページ参照）
- □ 帰宅後にすぐお世話をする

泊まりがけの外出時はどこかに預ける

旅行や出張などの泊まりがけの外出の場合は、ウサギだけのお留守番は不安です。**1泊でもペットホテルや信頼できる友人・親族などに預ける**ようにしましょう（P.150）。

健康で若いウサギの場合、1泊までならお留守番させられるという考え方もありますが、その場合でも1回分のペレットのほか、新鮮なお水や牧草を多めに用意して温度管理をし、翌日はできるだけ早く帰宅して、ウサギの様子を観察しましょう。少しでもおかしいことがあれば、動物病院へ連れていく心づもりも必要です。

適切な温度

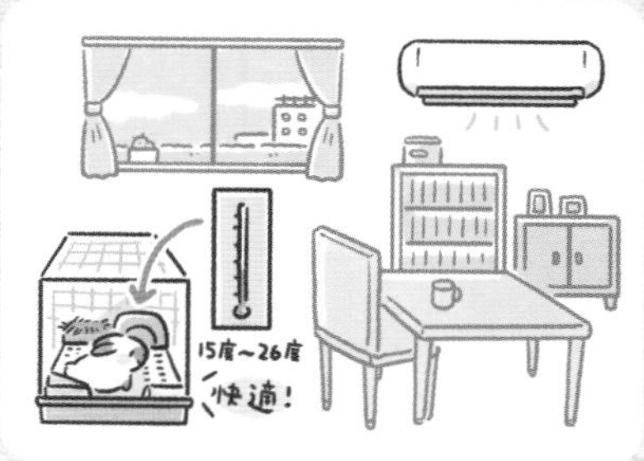

エアコンで室温を維持

ウサギにとって最適温度は15～26度。これより暑くなる夏、寒くなる冬は室温が20度前後に保たれるようにエアコンをつけっぱなしにする。エアコンの風がケージに直接当たらないように。

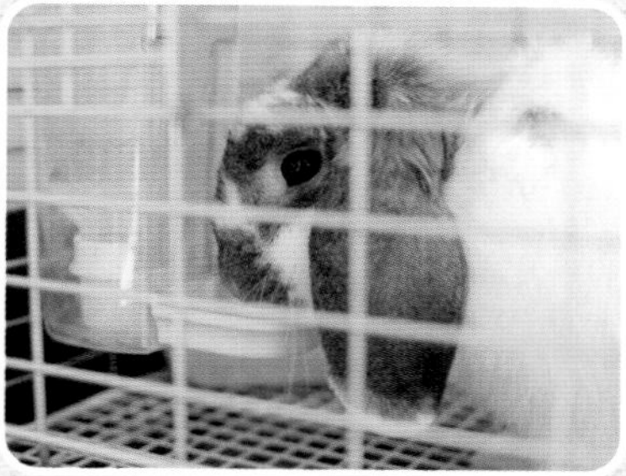

水

1日分の新鮮な水を用意

ウサギが1日に飲む水の量は体重の10%以上。2kgの子なら200g（200mℓ）以上の水を目安として用意します。個体差もありますので、普段の給水量をチェックしておきましょう。給水器内の古い水は捨てて新鮮な水と入れ替えましょう。

牧草

複種類の牧草を置く

牧草は食べ放題にしてあげます。1種類だけでなく複種類を用意し、それを1カ所ではなく分散して置くと、ウサギの活動量を増やし、脳の刺激にもなるのでストレスや退屈の軽減につながります。

ウサギの Q&A

Q お留守番がNGのウサギは?

「病気および高齢のウサギ」

長時間のお留守番をさせられるのは、基本的に健康で若いウサギです。病気のウサギ、高齢のウサギは寒さやちょっとした寒暖差などで体調を崩す恐れがあるので、お留守番は短時間にしたいものです。やむをえず長時間になるときはペットの見守りカメラなどを使い、異変が見られたらすぐに駆けつけるなどの方策も検討しましょう。

子どもと暮らす

子どもと一緒に暮らすために

ウサギと家族になる

　ウサギは子どもたちにも人気があり、子どもにせがまれてウサギを迎える家庭も少なくありません。自分の体よりもはるかに小さいウサギと暮らすうちに、やさしい気持ちやおもいやりの心が子どもに芽生え、命の大切さも学べるなど、子どもへのよい影響ははかりしれません。

　子どもがウサギと仲良くなれるかどうかのカギは大人が握っています。ウサギがどのような動物なのか、どのような接し方をしたらよいのかなどを子どもにしっかり教えることが大事です。

　また、家にウサギを迎えると、子どもは大よろこびですぐにウサギを触ったり、抱っこしたがったりするかもしれませんが、それはウサギを怖がらせてしまいます。家に慣れるまではそっとしておかなければならないことも事前に知らせておきましょう（P.80）。

子どもに教えよう！

ウサギにしてはいけないこと

- ✕ 急に大きな声を出したり、大きな音をたてたりして驚かす
- ✕ 耳やしっぽ、ひげをつかむ
- ✕ 追いかけ回す
- ✕ 乱暴に触る
- ✕ 人間の食べ物をあげる

など

ウサギの特徴

- 怖がりで繊細
- 朝と夕方に活発に活動する
- 五感について（音がよく聞こえる、においに敏感、おいしいものがわかる、ひげで通り道を察知、視野は360度だが視力は弱いなど）
- ケージの中は安心していられる場所

など

ウサギと触れ合う

抱っこをマスター

大人が基本の抱っこ（P.126）のお手本を見せ、同じようにやらせてみます。ただし、おとなしく長時間抱っこさせてくれていても、長時間抱っこは避けるようにしましょう。

抱っこしてなでる

床に座らせてひざの上でウサギを抱っこして、やさしく背中や額の辺りをなでさせます。

おやつをあげる

ウサギがおとなしく抱っこされていたら、ごほうびにおやつをあげます。野菜などを口に近づけ、食べさせます。

お世話に挑戦

抱っこに慣れたら、お世話にも挑戦。まずはひざの上でやさしく毛をとかすことをさせてみます。

いろいろなお世話をさせる

子どもがウサギとの触れ合いにすっかり慣れたら、ケージの中の水の交換や牧草の補充など、できる範囲でお世話のお手伝いをしてもらいましょう。

ウサギを預ける

預けるときのポイント

ペットホテルに預ける

旅行や出張などで泊まりがけの外出をするときは、ウサギをどこかへ預ける必要があります。**ペットホテルに預けるのが一般的**ですが、友人・親族の家に預ける飼い主さんもいます。

ウサギを受け入れているペットホテルは数が少ないので、日頃から近隣のホテルをチェックしておきましょう。

ペットホテルに預ける

ホテルにケージがあり、その中に滞在してお世話をしてもらいます。料金の目安は1泊2日で2,000～4,000円ぐらい。「うさぎ専門ホテル」「ペット全般を受け入れているホテル」「動物病院やペットショップに併設されているホテル」などがあります。

友人・親族の家に預ける

ケージごとウサギを預けてお世話をしてもらいます。ウサギを飼っている、または以前飼っていたという人であれば、お世話は慣れているので安心して預けられます。そうでない人の場合は、お世話のしかたを伝える必要があります。

ペットシッターや友人に家にきてもらう

環境の変化でウサギにストレスがかかるのが心配であれば、**ペットシッターや友人・親族に家に来てもらう方法**もあります。ウサギは家でいつもどおり過ごすことができ、移動の負担もありません。ただし、留守宅に人が入ることに抵抗感がある飼い主さんには向いていない方法です。

1日1～2回来てもらう

ペットシッター、あるいは友人・親族に1日1~2回（1回につき30~60分）、家に来てお世話をしてもらいます。ペットシッターの料金の目安は60分で3,000~4,000円ぐらいです。

預けるときの必須事項

お世話の内容を確認

ホテルやペットシッターの場合、食餌、トイレそうじ、健康チェック以外のお世話（ケージから出して遊ばせる、グルーミングなど）はどの程度してくれるのか、あるいはしてくれないのか確認し、納得したうえで利用しましょう。

急病の際の対応を確認

ウサギの体調が悪くなったり、ケガをしたりしたときに、すぐに連絡してくれるのか、病院に連れていってくれるかなど、対応について確認しておきましょう。かかりつけの動物病院の連絡先も伝えておきます。

お試し宿泊もおすすめ

ウサギは環境の変化が苦手なので、いきなり知らないところに預けられるとそれがストレスになります。長期旅行に行く予定がある場合は、事前に1泊ほどお試し宿泊をして少しでも慣れさせておくとよいでしょう。

いつものフード類、用品を持ち込む

ウサギは食べ物が変わると食べないことがあるので、いつものフード類（ペレット、おやつ）や牧草を持ち込むようにします。ペレットの1回量もしっかり伝えるようにしましょう。水飲み器（給水器か皿）、トイレなどの用品も使い慣れているものを持ち込むと安心です。

いつもの様子を伝える

「ペレットは残さずに食べる」「ペレットより牧草をたくさん食べる」「ウンチの大きさや量」「ケージの中で元気に動く」など、いつもの様子を伝えておけば、異変が起きたときに早く気づいてもらえます。

ウサギ同士のトラブル回避を

ウサギを飼っている人の家に預ける場合、先方のウサギとケンカにならない方策（ケージを離す、一緒に遊ばせないなど）について話し合っておきましょう。双方のウサギのために大事なことです。

ウサギと防災

フードや用品を備蓄し、避難は一緒に

地震や台風、洪水などの災害に備え、**ウサギのための備蓄が必要**です。フード類や牧草、トイレ用品などは災害時に入手しづらくなるので、**常に多めにストック**しておきましょう。

自宅に危険が迫り、避難しなければならない事態も想定されます。**国は災害発生時に飼い主が飼育しているペットを連れて避難する「同行避難」を推奨**していますが、自治体によって対応も異なります。指定されている避難場所がペットの同行避難可能かどうかなど、事前に調べて避難計画を考えておきましょう。

避難時に持ち出すもの

- □ **フード類（ペレット、おやつ）、牧草、水**
  ウサギの食料は災害時に入手しにくいので1週間分を用意。
- □ **食器、水飲み器（給水器か皿）**
  いつも使っているものと同じようなものを用意。
- □ **薬**
  処方薬は必ず持参。持ち出しやすい場所に用意しておく。
- □ **トイレシーツ**
  トイレの底面、キャリーの底面などに使えてにおい対策にもなるので多めに用意。
- □ **新聞紙、ゴミ袋、ガムテープ**
  排泄物やゴミの処理などに使用。新聞紙は風よけやトイレシーツ代わりにも。
- □ **写真**
  はぐれてしまったときのために、用意しておくと安心。
- □ **ハーネス、リード**
  運動不足とストレスの解消のために「うさんぽ」をさせたいときに必要（P.142）。

ひとまとめにしてバッグなどに入れ、キャリーのそばに置いておきましょう。

ウサギと一緒に避難

避難するとき

キャリーで避難する

ウサギをキャリーに入れて一緒に避難します。フード類や用品が入った持ち出し用のバッグも忘れずに。

ペットは別の場所で管理

一般的にペットのスペースは人とは別の場所に設置されます。室内とは限らず、ピロティや駐輪場などにテントを張って設置されることも多いです。

避難所で

自分のペットは自分で管理

ウサギの世話・管理は自分でするのが原則。複数の飼い主さんで「飼い主の会」などを立ち上げ、協力してペットスペースの運営をする場合もあります。

災害時に役立つ「キャリー」

避難時や避難所生活ではキャリーが必需品です。ハードタイプとソフトタイプがありますが、何日もそこで飼育することを考えるとハードタイプの方が向いています。さらに機能性やウサギの快適さを考えるなら、ケージに近い作りで床部分が金網になっているキャリーがおすすめ。底のトレイにトイレシーツを敷いて使います。

キャリーは通気性がよいものがおすすめです。保温や遮光をしたい場合は、専用のカバーもしくは新聞紙やタオルなどをかけます。

ウサギの
飼育レポート

うされぽ
その2

シミズ家
みるちゃん
（8歳・女の子）

おばあちゃんになっても「かわいい」が毎日更新

ご夫婦で犬を迎えようとしていた、シミズさん。しかし、当時住んでいたマンションがペットNGだったため、どうしようかと思っていた矢先、近所にあった「フェレットとうさぎのお店 フェレット・リンク＆ラビット・リンク」で出会ったのがみるちゃんでした。

「いろんなウサギがいる中で、特にアピールもせずにケージの奥の方にいた子だったんですよ」と当時を懐かしむみるちゃんママ。それまでペットと暮らした経験もなく、「ペットはあくまでペット」と思っていたそうですが、みるちゃんと暮らしてその考えは180度変わりました。「動物にこんなに個性があるとは思っていなかったんです。みんな性格が違って、ちゃんと意思があって、とにかくかわいい!!」と話します。また、ありとあらゆる動物を見る目が変わったそうで、「散歩しているどの犬を見てもかわいいし、テレビの動物番組を見て泣いてしまう日がくるなんて思っていませんでした」と笑顔に。仕事でくたくたに疲れて帰ってくると、なぐさめるようにぴたっと寄り添ってくれるみるちゃんの温もりに、幾度となく癒されてきたみるちゃんママ。みるちゃんは子どもであり、姉妹であり、唯一無二の大切な存在と言います。

そんなみるちゃんがシニアになった7歳の時。ある朝起きたら片目の様子がおかしく、突然視力を失ってしまいました。それまで元気に過ごしていたそうですが、一度ひどいうっ滞にかかり、免疫が落ちていたところに緑内障を発症してしまったそうです。もう片目も見えなくなるのは時間の問題、そう知ったみるちゃんママはお世話について早急に見直し、みるちゃんとの決まりごとをつくりました。しかし、レイアウトはあえてそのままの方が記憶を頼りに生活できると考え、大きく変えなかったそうです。その後、2~3週間ほどで視力を失ってしまったみるちゃんですが、みるちゃんママの考え通り、見えていないとはとても思えない様子で、ケージやサークルの中を自由に移動しています。生き物の生命力の強さ、そしてそれを支える家族の愛情を強く感じました。

歳を重ね、何度か危ない状況があったそうですが、その度に獣医さんやショップスタッフ、SNSを通じて知り合ったシニアウサギ飼い主さんたちに助けられたそうです。シニアウサギと暮らすうえで大切なのは「その子の目線になって考えること」「ちょっとの変化も見落とさない観察力」そして「自分で判断しないで医師に相談すること」とみるちゃんママは話します。みるちゃんとご夫婦の間にある強い絆、そしてみるちゃんを中心に広がる絆の輪が、確かにそこにありました。

ケージ＆サークルがみるちゃんのスペース。若い頃は室内も自由に歩いたけれど、最近はサークルから出てくることは少なくなったそう。ぶつかってケガをしないように、工夫が凝らしてある。

特製のみるちゃんハウス。

スムーズに階段を登ってケージに入る様子に驚きます。

大好きな桃の木の枝。ペレットもチモシーもずっと変えていない。

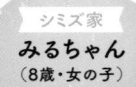

PART 5

健康管理とケア

ウサギの健康と命を守るケア方法について
チェックしましょう。日々の健康チェック、
ウサギがかかりやすい疾患、避妊・去勢手術、繁殖、
シニアウサギの看取りについて紹介します。

ウサギの健康チェック

ウサギの健康を守るために

お世話をしながら健康チェック

ウサギは不調や痛いところがあっても、それを訴えることはしません。ウサギの体調不良を見つけるためには、**飼い主さんが異変に気づく必要**があります。ウサギは本能的に、**体調不良を隠す習性**があります。元気に振舞っていたとしても、命の危機に瀕しているということもあるのです。

食欲・飲水、排泄状態は、ウサギの健康状態を把握するためにもとても大切です。**トイレ掃除、給餌・給水などのお世話**をしながらいつもと違うことや違和感があれば、かかりつけ医に相談するようにしましょう。

ウサギを観察してチェック

普段からウサギをよく観察することで、体調不良に気づくこともたくさんあります。佇まいや行動を見ながら、元気があるか、くつろいでいるか、いつもと違った様子はないかチェックしましょう。動きが鈍い、じっとしている、うずくまっているような様子が見られるなら、どこかを痛めている可能性があります。食欲や排泄物をもう一度よくチェックしましょう。

歩いている様子や行動を観察しながら、足を引きずるなどぎこちない動きはしていないかどうかも確認します。**しきりに頭を振っていたり頭が傾いていたら、すぐに動物病院を受診**してください。

食欲をチェック

ペレットと牧草の減り具合をチェック

ウサギは常に食べ続けなければならない動物です。個体ごとによく食べる時間帯などがあったりしますが、毎日給餌していると、1日の食餌量や食べるタイミングなどを自然と把握できるようになります。

いつもより減っている量が少ないと感じたら要注意です。ペレットがあまり減っていないけど牧草は減っているなど、**偏りがあるにしてもある程度食べているようであれば、経過観察**しましょう。しかし、**全く減っていないようなら危険な状態**かもしれません。速やかに動物病院を受診してください。

食欲不振の原因は？

- いつもと違うペレットを与えた
- 室温が高い、あるいは低い
- 牧草がしんなりしている
- 生野菜が新鮮でない
- 病気が原因

病気の例

消化器疾患（うっ滞、毛球症）、不正咬合、肝疾患、腎疾患、熱中症、盲腸の腫れ、子宮の病気など

ここもcheck

食欲に関わる病気について

P.168　熱中症
P.169　不正咬合
P.170　消化器疾患
P.174　子宮腺がん

PART 5 健康管理とケア

排泄状態をチェック

排泄状態は健康状態を映し出す

排泄物や排泄状態をチェックすることは、健康管理にとても重要です。トイレ掃除の際は、ケージ床下のトレイを含めて**排泄物を必ず全て取り除き、オシッコとフンの状態をチェック**します。

毎日掃除をしていると、いつもどの程度の量をしているのか、形状や色、大きさなども自然と覚えてくるものです。見た瞬間に**「いつもと違う」と感じたら要注意**です。

また、**排泄物が全く出ていないという状態は更に危険な状態**です。牧草やペレットが減っていない、水も飲んでいない、そのような状態であれば迷わずすぐに動物病院を受診してください。

●フンについて

ウサギのフンは、コロコロ乾燥した「硬便」と、やわらかいブドウの房のような「軟便」の2種類があります（P.45）。これ以外のフンなら、不調のサインです。

いつもより小さい、形がいびつなら、**胃腸の働きに異常がある可能性**があります。あるいは、水分を含んだドロドロのフン（下痢）をすることもあります。**下痢は生命にかかわる可能性のある症状**ですので、すぐに動物病院を受診してください。おなかの痛みから背中を丸めてうずくまっている様子や、お尻の汚れで気づくこともあります。

●尿について

正常なウサギの尿の色は、だいだい色、薄い赤、茶色などです。尿をたくさん溜めてから出すウサギは、濃縮された赤っぽい色の尿を出すこともあります。

しかし、**「オシッコの色がいつもより濃い」**と感じたときは動物病院を受診しましょう。尿の色や量に変化があると、尿路結石、膀胱炎や尿道炎などの可能性があります。

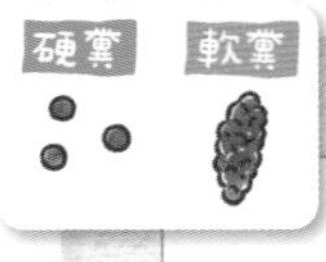

ウサギの排便、排尿のチェックポイント

便（いつもに比べて）
- 小さい
- 形がいびつ
- 毛でつながっている
- 水分の多くやわらかい便（下痢）
- 便の量が少ない（便秘）
- 全くしていない

尿
- 量が多い
- 尿の色がおかしい
- 何度もトイレに行く
- 尿の量（回数）が少ない
- 全く出ていない
- いつもと違うところにしてしまう

気をつけて！
水分不足やカルシウムが豊富な野菜の食べすぎは、尿路結石、膀胱炎・尿道炎の原因になります！

飲水量をチェック

1日の飲水量の目安は200mℓ

1日2回食餌をあげるときは、同時に給水を行いましょう。水道水でかまいませんので、新鮮な水に取り換えるようにします。個体ごとに給水量は異なりますが、体重2kgのウサギなら飲水量は1日200mℓは必要といわれています。飲水量が極端に多い場合や少ない場合は、一度健康診断を受診してみるとよいかも知れません。

普段より飲水量が減った際は注意してください。ウサギは尿中にカルシウムを多く排泄します。カルシウムは膀胱や尿管に蓄積されやすいため、しっかり飲水をして尿量を確保しないと、**蓄積したカルシウムが結晶化して、尿路結石**を引き起こします。結石予防のためにも、水をしっかり飲ませることは重要です。

飲水量変化の主な原因

飲水量

多
・暑い
・いっぱい遊んだ
・ストレス

病気（腎臓病など）

・寒い
・水のにおいや味が変化
・生野菜・フルーツの食べすぎ
少

飲水量にはストレスも関与

飲水量に変化が見られたら、**室温、湿度、水のにおい、容器の飲みやすさなどを見直し**ます。生野菜を多く食べたときには、飲水量が減ることがあります。また、ストレス過多で飲水量が増加したり、反対にゆったりさせていても、ウサギが「退屈だ」と感じることで、暇つぶしに水を大量に飲むこともあります。

飲水量の変化が数日続き、**下痢や便秘、血尿、尿量の変化、元気のなさ**などが見られるようなら、受診して原因を突き止めましょう。

ウサギのQ&A

Q ミネラルウォーターは?

「与えないようにしましょう」

ミネラルウォーターは人間用に成分調整していたりします。軟水や硬水など内容成分にもよりますが、基本的には与えない方が賢明です。

体のチェックとケア

目のチェック

両目とも輝いているか毎日観察

ウサギの目には、人間と同じように**結膜炎や白内障、ぶどう膜炎**など、さまざまな病気が起こります。

目は、毎日のチェックでもっとも変化に気づきやすいところかもしれません。下のチェックリストの項目に注意して、異常が数日続くようなら受診すると安心でしょう。

目の異常は細菌などに感染することや、不正咬合、加齢、外傷などが原因で起こります。次のようなことを実践して、目の病気を予防しましょう。

- **ケージは常に清潔に**

排泄物に増殖した細菌や、尿に発生したアンモニアが目の異常を引き起こします。毎日掃除して清潔に保ちましょう。

- **細かい粉が出るものは避ける**

ウッドチップなどの粉が目に入って、角膜を傷つけたり、細菌感染を起こしたりします。

- **斜頸、不正咬合など、目の異常の原因となる病気を治療する**

一見、目と関連がなさそうですが、斜頸や不正咬合では、涙目や眼振をあらわすことがあります。

- **目を傷つけそうなおもちゃは撤去**
- **多頭飼いの場合、けんかに注意**

目の健康チェック!

- □ 目がぱっちり開いている?
- □ 目に輝きがある?
- □ 目やにが出ていない?
- □ 目が白濁していない?
- □ 目に白い点のようなものはない?
- □ 白目は充血していない?
- □ 黒目が細かく左右に揺れていない（眼振）?
- □ 目が飛び出したりしていない?
- □ 涙が出ていない?
- □ 目を細めていない?／まぶたが腫れてない?

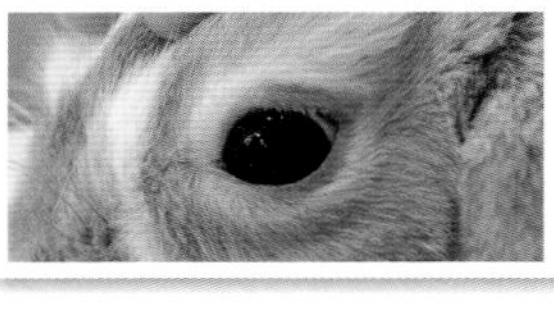

ウサギの目をよく見てチェック。

鼻・口のチェック

鼻炎のような症状が続いたら受診する

ウサギの鼻に異常が見られる病気として、鼻水や鼻づまりなどの**鼻炎様症状をあらわす「スナッフル」**(P.175)、鼻の周りががさがさして**かさぶたができる「トレポネーマ症(ウサギ梅毒)」**などがあります。

鼻の症状を放っておくと、炎症が気管や肺に及んで呼吸困難を起こすこともあるため、症状が数日続くようなら、受診して適切な治療を受けましょう。

鼻の健康チェック!

- □ 鼻水が出ていない?
- □ 鼻の周りの皮膚がピンク色で乾いている?
- □ 鼻の周りにかさぶたがない?
- □ くしゃみをくり返さない?
- □ いつもと違う呼吸音・鼻音がしない?

口元でわかる病気もある

ウサギの歯は生涯伸び続ける「常生歯」です。毎日硬い草を食べることで歯が削られ、正常な噛み合わせを保っています。草を食べないと歯が削られずどんどん伸びてしまい、上下の歯が噛み合わなくなる「不正咬合」(P.169)を起こします。**食べづらそうにしている、においだけかいでやめる、やわらかいものばかり食べる**ような様子が見られたら、かかりつけ医に相談しましょう。

また、よだれが出ていないかもよく観察してください。**よだれはさまざまなウサギの疾患のサイン**でもあります。さらに、よだれを拭うために前足が汚れることもあるので、合わせて確認するとよいでしょう。

口周りの健康チェック!

- □ 口からよだれは出ていない?
- □ 前足によだれを拭いた形跡はない?
- □ 歯の噛み合わせはおかしくない?

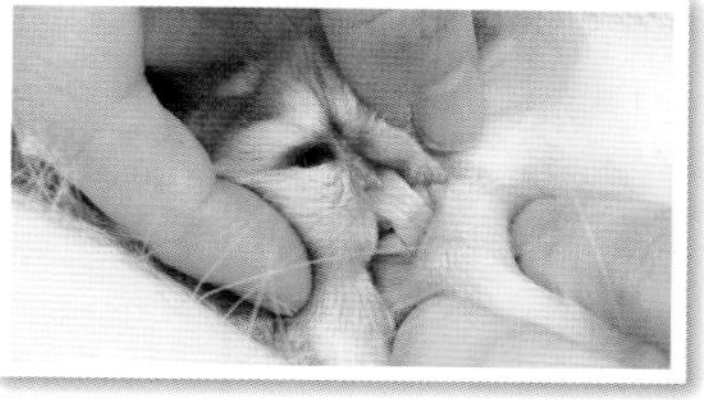

唇をめくり、上の歯が下の歯にかぶさっているのが正常な状態。

PART 5 健康管理とケア

被毛の状態をチェック

被毛のトラブルは不調のサイン

被毛はウサギの大きな魅力の1つです。しかし、こまめにお手入れをしてあげないと、トラブルを起こしやすくなります。見た目が悪くなるだけでなく、お手入れをさぼったせいで、**毛づくろいで飲み込む毛が増えて毛球症**（消化器疾患）になったり、毛玉ができて湿性皮膚炎を起こしたりします。

一方、ウサギに肥満や不正咬合、関節炎などがあると、毛づくろいがしにくくなり、被毛の状態がいつもよりも悪くなります。**被毛の美しさを健康のしるしととらえ**て、ブラッシングをしているのに毛玉が増えたり艶がなくなったりしたら、体の不調がないか、チェックしてあげましょう。

被毛の健康チェック!

- ☐ 艶が悪くない?
- ☐ フケは出ていない?
- ☐ 毛並みは整っている?
- ☐ 毛がかたまって抜けているところはない?
- ☐ いつもよりにおわない?

春と秋の換毛期は丁寧なケアを

ウサギは年に4回、季節の変わり目になると毛が生え変わる「換毛期」を迎えます。その中でも、春と秋の換毛期は大量に毛が抜け替わるので、体力を奪われます。この時期は、いつも以上にブラッシングをしっかりと行い、毛づくろいのお手伝いをしましょう。

猫は毛づくろいで飲み込んだ毛を吐き出すことができますが、ウサギは吐き出すことができません。大量の毛を飲み込むと胃腸の動きが悪くなったり、消化器の病気の原因になったりします。この時期はいつも以上に、食欲や排泄状態を気にかけてあげましょう。

なでながら、全身の被毛をチェックしましょう。

ここも check

ウサギの被毛について

P.49　ウサギの被毛の特徴
P.108　ブラッシングで抜け毛ケア

お尻をチェック

お尻は清潔をキープ

ウサギのお尻は汚れやすい場所。排泄物で汚れていないか、折に触れて見てあげましょう。汚れたままでいると衛生面だけでなく、**皮膚炎や感染症を引き起こす**こともあります。

お尻周りの掃除には仰向け抱っこが必須です。もしも、不安があるときは、ケアをしてくれるショップや動物病院にお願いしましょう。

お尻の健康チェック!

- □ くさくない?
- □ 汚れてない?
- □ 肛門周辺が腫れてない?
- □ 肛門や生殖器周辺がただれたりしていない?

お尻周りのケア

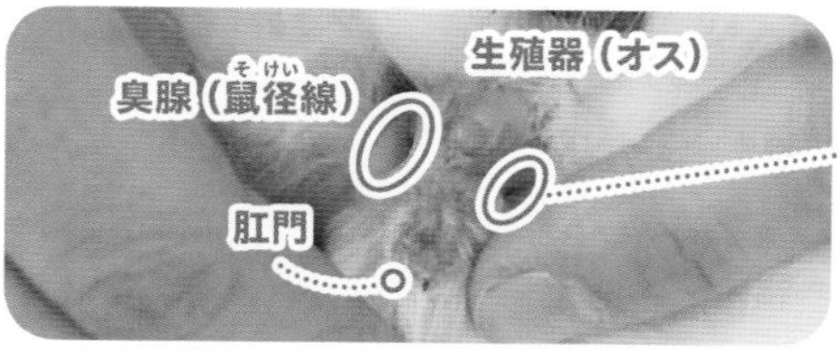

臭腺はポケット状になっていて、汚れがたまりやすい場所。お尻が臭うときはこれが原因かも。

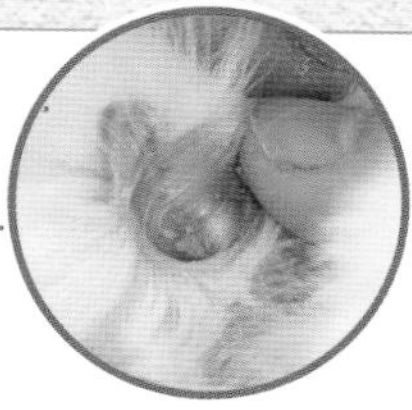

臭腺のポケットをめくったところ。白いものが汚れ。茶色や黒い場合もある。

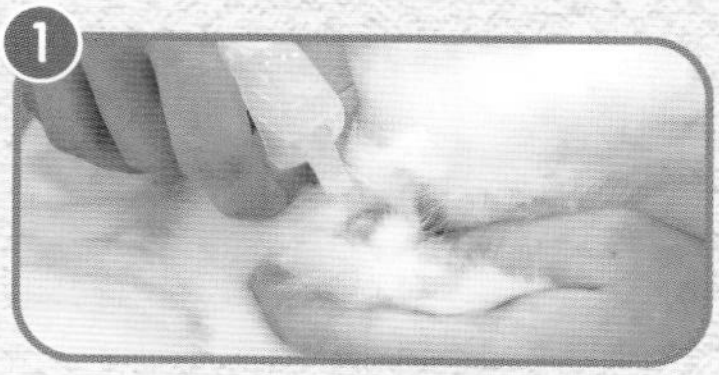

① やさしくスプレー

お尻の皮膚はとってもデリケート。皮膚に張り付いている汚れを無理に取ると傷つけてしまうため、まずは水分で汚れをふやかす。

※「アクアケア」がおすすめ（P.79）

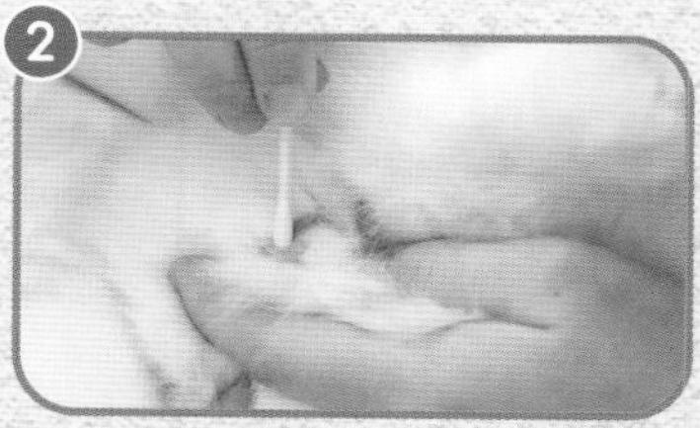

② 綿棒で掃除

綿棒で汚れを取り除く。皮膚を傷つけないように、そっとやさしくなでるように。ウサギが暴れるようなら無理はしないで。

耳をチェック

耳の皮膚を毎日チェックする

ウサギの耳は、音を聞き取るほかに、体温調節、感情表現など、さまざまな役割をもっています。

主な耳の病気は、細菌やダニなどに感染することで起こる、**中耳炎や外耳炎といった炎症性の疾患**です。伸びすぎた自分の爪で傷つけてしまうこともあります。

また、**耳にリボンなどを結ぶのはやめましょう。**血行が悪くなって、皮膚が壊死する場合もあります。

耳の健康チェック!

- □ 耳の中は汚れていない?
- □ 耳の皮膚が赤くなっていない?
- □ 耳の皮膚にフケが出てきていない?
- □ 耳にいやなにおいがしない?
- □ 耳垢が急に増えた?
- □ 耳をやたらとかいたりしていない?

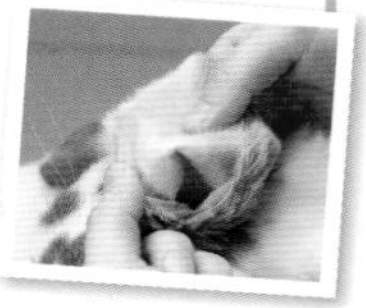

ウサギの耳を掃除する

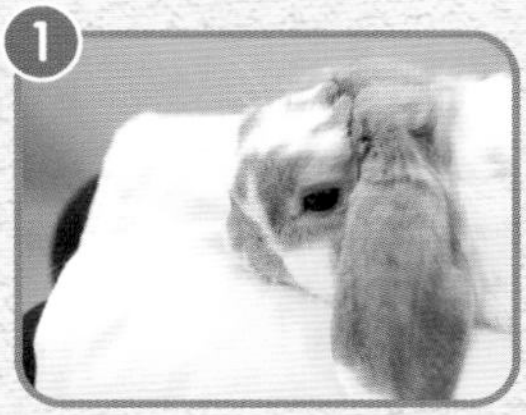

①抱っこする
ウサギをひざに乗せる。

②薬を準備する
専用の薬を綿棒に含ませる。

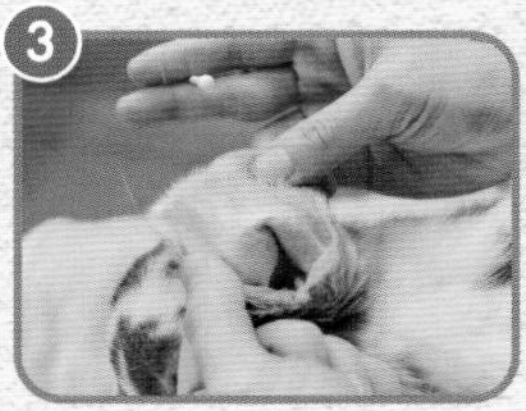

③耳のフチを掃除
耳をめくり、目で見える範囲だけを綿棒でやさしく掃除する。

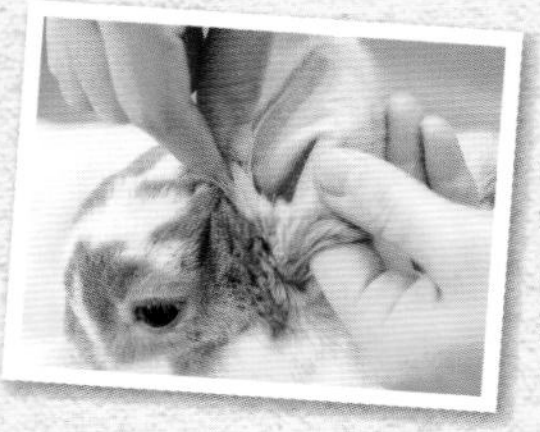

くぼみや溝になっているところは汚れがたまりやすいので丁寧に。

耳の中（奥）の掃除は動物病院に任せましょう。深いところになると専用の道具が必要です。家庭ではできないので、無理に耳の中まで掃除をする必要はありません。

足裏と指のチェック

ウサギの足は丁寧にケア

ウサギの足裏には肉球がなく、毛でおおわれているだけなので、**外的な刺激には弱い**傾向にあります。トラブルとしてソアホックや外傷、尿の汚れが蓄積した「尿やけ」などが挙げられます。

ケガや皮膚の炎症を起こしそうな床材を避け、ケージの床は常に乾燥させておきましょう。また、**足裏を汚れたり濡れたりしたまま放置しない**ようにします。

また、ウサギには鋭い爪があります。野生のウサギは土を掘るので自然に削れていきますが、飼いウサギは定期的に切ってあげる必要があります。爪が伸びるスピードにも個体差がありますが、**2カ月に1回**を目安に爪が長くなったら切りましょう。一週間に1回は爪の長さを確認すると、爪切りの目安がわかるようになります。暴れて難しいケースや不安があれば無理をせず、**ケアをしてくれるショップや動物病院に任せて**ください。

足裏の健康チェック!

- □ 毛が抜けてなくなっていない?
- □ 腫れてない?
- □ 皮膚が硬くなっていない?
- □ 出血していない?
- □ 足をひきずっていない?
- □ 爪の長さは適切?
- □ 爪は折れていない?

point

爪が伸びすぎると
引っかけてケガをしたり、
折れてしまうこともあります!
放置しては絶対ダメ!

ウサギの爪をカットする

ウサギの爪を切る前に

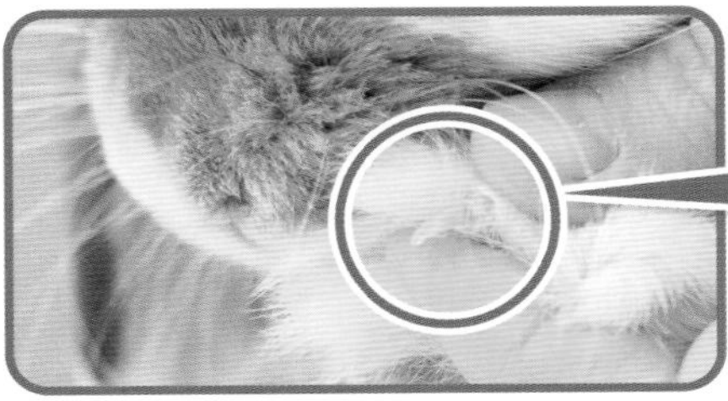

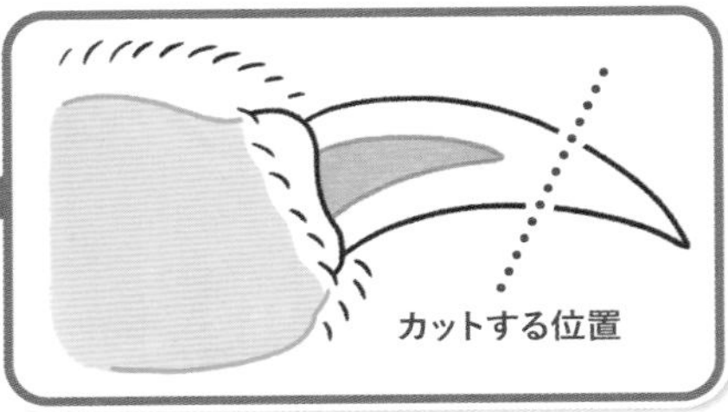

爪の根元辺りを指で抑えると、毛の中から爪が出てきます。ウサギの爪には血管が通っているため、根本から切ってはいけません。出血し、人間でいう深爪状態になります。

白く透き通っている爪を、血管から1～2㎜ほど残して切ります。黒い爪の子は裏側から光を当てるとわかりやすくなります。

爪切りの道具

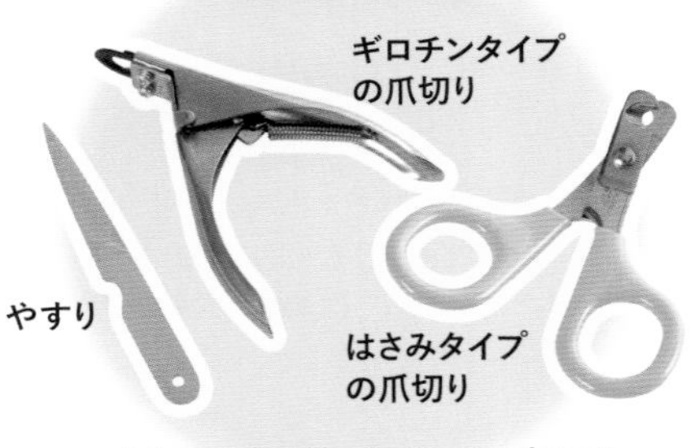

飼い主さんの使いやすいタイプでOK。

もしも爪が出しにくいときは

みかんなどが入ってるネットをウサギの指に被せると、ネットから爪だけが飛び出すのでカットしやすくなります。思わぬ行動でケガをしてしまうこともあるので、ウサギをしっかり保定してください。

爪切りのポイント

- □ 爪切りは抱っこができるようになってから行う。
- □ 爪切り中はウサギをしっかり保定すること。力ずくで抑えつけるのは絶対NG。
- □ 1日で全ての爪を切ろうとしない。暴れたり負担が大きかったりするときは、1日数本ずつのペースで。
- □ ウサギと飼い主、両方の負担にならないように心がける。
- □ 難しいと思ったら、ケアをしてくれるショップや動物病院に任せる。
- □ 誤って血管を切ってしまったときは、小麦粉を指に付けて爪をやさしく押さえて止血します。出血が止まらない場合は動物病院へ。

ひざの上で切る

1
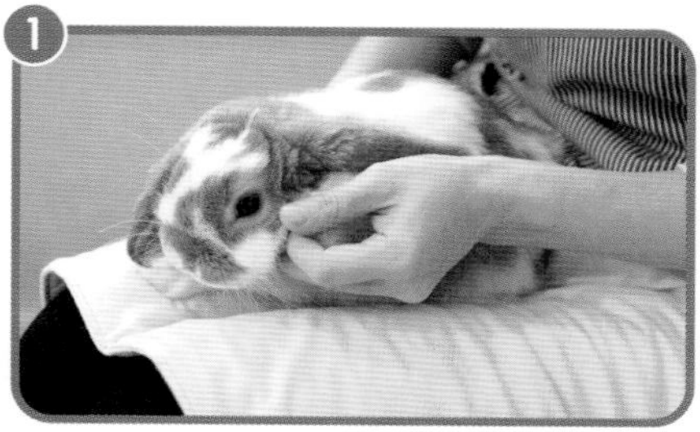

爪切りを持っていない方の手でウサギの前足を持ち、自分の体でウサギの胴体をやさしく抑える。

2
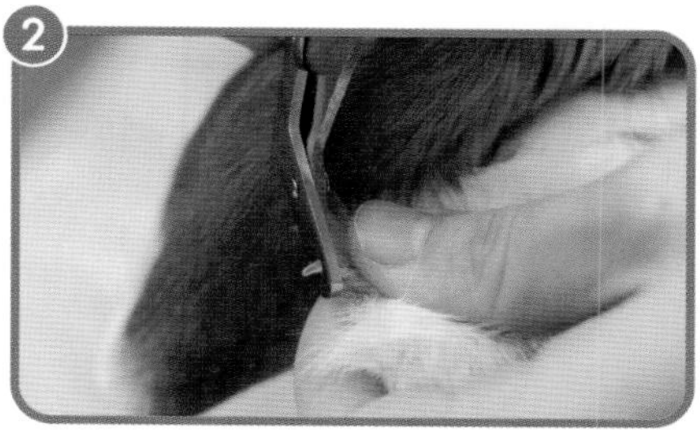

利き手で爪切りを持ち、反対の手でウサギの爪を出してカットする。

仰向け抱っこで切る（前足）

1

仰向け抱っこをして、太ももでウサギの体をやさしく保定する。

2
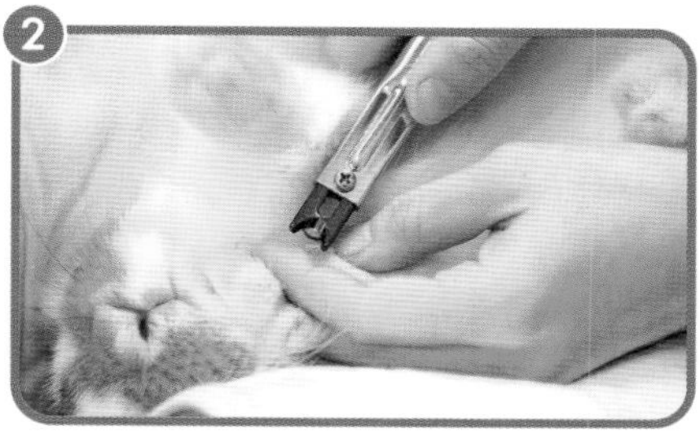

利き手で爪切りを持ち、反対の手でウサギの爪を出してカットする。

仰向け抱っこで切る（後ろ足）

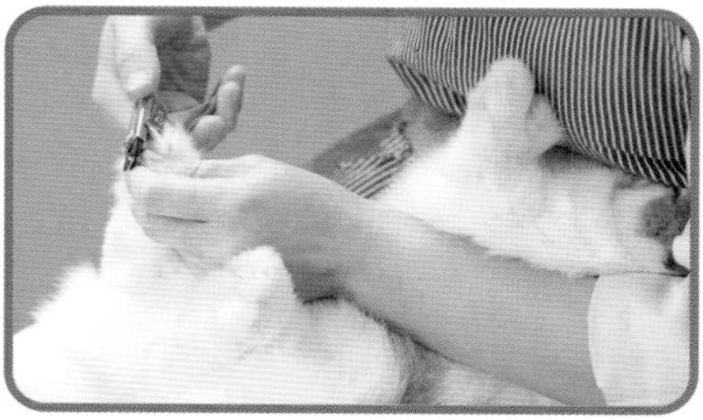

ウサギの頭部を腕と脇で軽くはさみ保定しながらカットする。

ここも check

ウサギの抱っこについて

P.122　触れ合うために
P.126　ウサギの抱っこのしかた

爪切りの途中に、ウサギがひざの上から飛び降りたり、思わぬ行動に出たりすることもあります。お風呂場のイスのような、低いイスに腰掛けて行うのがおすすめです。

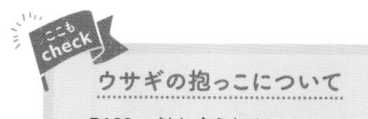

ウサギの病気と予防法

熱中症

全身

夏場にぐったりしていたらすぐ受診

ウサギは**高温多湿が苦手**です。ウサギの体は密集した毛におおわれているうえ、汗腺がないために**汗をかいて体を冷やすことができません**。飼い主の想像以上に、温度や湿度の上昇に敏感といえるでしょう。

最適室温は15 ～26度、湿度は40～60％。**梅雨から晩夏にかけては特に注意が必要**です。

ぐったりしている、よだれを垂らしているなどが見られたら、室温と湿度を確認してください。熱中症が疑われる場合には、涼しい場所に移動して、濡れたタオルや保冷剤を包んだタオルなどで体を冷やしてあげます。そしてすぐに受診しましょう。

こんな症状は熱中症かも!?（症状）

- □ ぐったりして元気がない
- □ 多量のよだれを垂らしている
- □ 食欲がない
- □ 呼吸が荒い
- □ 血尿が出ている

体を冷やしてすぐに受診（応急処置）

- □ 室温を下げる、涼しい場所に移動する
- □ 冷たいタオルなどで体をおおう
- □ スポーツドリンクをスポイトで与える

エアコンでの温度管理が望ましい

予防には、エアコンで温度・湿度管理を行うことがベストです。夏の**室温は25度を目安に、28度を超えない**ように調整します。次のような方法もおすすめです。

- 扇風機を併用（風を直接当てない）
- 大きめの保冷剤や水入りのペットボトルを凍らせてタオルにくるみ、ケージの上やケージ内に置く。（小さな保冷剤はかじるのでケージ内はNG）
- 冷却グッズの使用（P.79）
- 長毛種では毛玉がフェルト状にならないようにこまめに手入れする

歯

不正咬合《ふせいこうごう》

気づいたら早めに処置を受ける

ウサギの歯は「常生歯《じょうせいし》」と呼ばれ、一生伸び続ける性質を持っています。エサを食べたり物をかじったりしてすり減っても、短くならないように伸びてきます。しかし、**歯が削れる速度と伸びる速度のバランスが崩れるなどして、上下の歯が正しく噛み合わなくなることを「不正咬合」**といいます。

不正咬合の原因として、先天性のもの（丸顔のウサギに多い）、事故、摩耗の少ないエサ、老化などが挙げられます。不正咬合を放置すると、食餌を十分に食べられず、胃腸の機能も低下してほかの病気を引き起こす原因になることもあります。また、伸びた歯が口内を傷つけて、感染症を起こすこともあります。

不正咬合は**自然に治ることはありません。**気づいたら早めに受診して、歯を削るなどの治療を受けましょう。一度不正咬合を起こすと再発しやすいので、積極的に予防に努めましょう。

症状

不正咬合を疑う様子とは?

- □ 食べにくそうにしている
- □ よだれが増えた
- □ 歯ぎしりをするなど、不自然に口を動かす
- □ 口臭がする
- □ 口の周りの毛が抜ける、皮膚炎になる
- □ 涙目になる（歯の根っこが伸びて目を圧迫した場合）

予防

不正咬合を防ぐために

- □ ペレットややわらかい食餌だけでなく、繊維の多い牧草をしっかり食べさせる
- □ ケージをかじらないようフェンスやボードで予防する。特に金属製のものは要注意
- □ 顔面をぶつけたりする事故を起こさないよう注意する
- □ 定期的に前歯と口の動きをチェック!

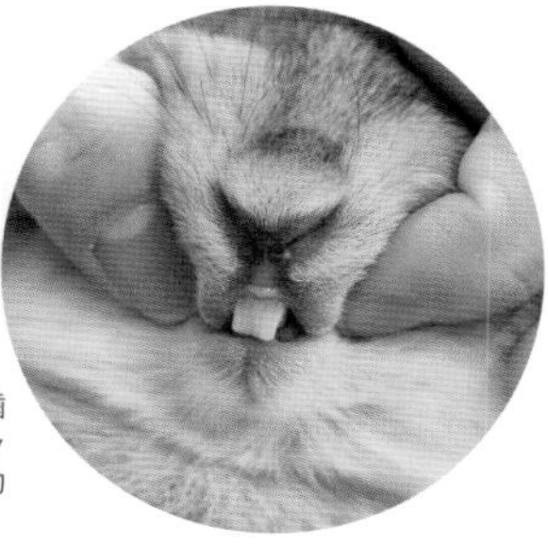

前歯は上の歯が下の歯より前に出ていて、上下の噛み合わせが合っていればOK。奥歯を自宅でチェックすることはできません。ウサギの診療ができる動物病院で、定期的にチェックしてもらいましょう。

消化器

消化器疾患

消化機能の低下が症状を引き起こす

ウサギの胃や腸の動きが悪くなって、**食物や飲み込んだ毛が消化管でたまる状態**を指します。「胃腸うっ滞（胃腸の動きがとどこおる）」「毛球症（飲み込んだ毛が胃腸にたまる）」の総称として使われています。

うっ滞を起こす原因として、①食餌からの繊維質の不足、②腸内細菌叢のバランスの崩れ、③運動不足、④異物を飲み込んだ、⑤不正咬合による食欲減退、⑥ストレスなどが考えられます。

うっ滞やそのほかの胃腸障害で消化機能が低下すると、飲み込んだ毛をうまく排泄できず、毛球症を起こします。

こんな症状は消化器疾患？ 症状

- □ 食欲不振（全く食べなくなることも）
- □ 便が小さい、大きさがふぞろい、少ない
- □ ガスがたまっておなかが張っている
- □ おなかに触られるのをいやがる（ガスがたまって腹痛があるため）
- □ 毛でつながった便が出る（毛球症の場合）
- □ 元気がなく動きが鈍くなる

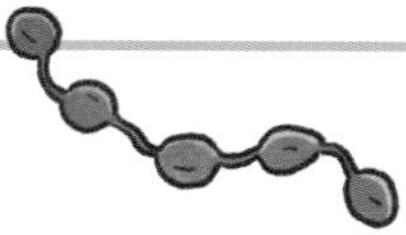

胃腸のはたらきをよくする薬で治療

治療には、消化管の活動を促進する薬やガスだまり・腹痛を改善する薬を用います。ガスだまりや腹痛が重症の場合は、**痛みなどでショック死を招くリスク**もあるため、手術が必要になることもあります。

重症化させないためにも、元気がない、食欲がない、おなかに触らせないなどがあったら、早めに受診して適切な治療を受けましょう。

こんな工夫で胃腸を整える 予防

牧草など繊維質の多いものをしっかり与える
換毛期にはブラッシングを十分にして飲み込む毛の量を減らす
水をしっかり飲ませて毛球ができにくくする
最低、1日1回はケージから出して、遊びながら運動させる

皮膚

湿性皮膚炎《しっせい》

濡れた状態が続くと細菌が増殖

ウサギの皮膚が濡れたり湿ったりした状態が続くと、そこに**緑膿菌や黄色ブドウ球菌などの細菌が増殖**してしまいます。それが引き金となって起こるのが「湿性皮膚炎」です。

目の周り（涙）、口の周り（よだれ）、陰部やお尻の周り（尿や便）に起こりやすく、皮膚の赤み、ただれ、脱毛などが現れます。かゆみが強い場合にはかきむしって出血するようなケースもあります。

また、ケージの床が濡れている、水入れの水がこぼれやすいなどで、気づかないうちに毛や皮膚が濡れている場合もあります。不正咬合でよだれが出続ける、下痢や尿漏れ、尿汚れなども発症のきっかけとなり得ます。

湿性皮膚炎を疑ったら、**皮膚の赤くなった部分を軽く洗浄し、しっかりと乾かして**様子を見ます。症状が強い場合は受診しましょう。原因疾患（不正咬合や下痢、泌尿器系の病気など）がある場合は、その治療も並行して行われます。

症状

湿性皮膚炎の起こりやすいところ

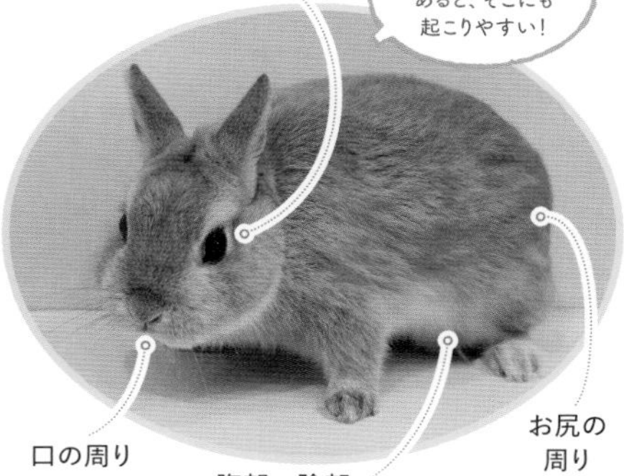
肥満で皮膚が重なった部分があると、そこにも起こりやすい！
目の周り
腹部～陰部

こんな症状が見られる

皮膚が赤い／じくじくしてただれている／脱毛／毛玉になっている／かゆがる

予防

清潔、皮膚や毛のお手入れが基本

- □ ケージを清潔に保つ
- □ 高温多湿にならないようにする
- □ 水入れはボトルタイプにすると毛に水がつきにくい
- □ 不正咬合、尿漏れなど、湿性皮膚炎のきっかけになる病気を治す・予防する
- □ 肥満を改善する
- □ 定期的に皮膚をチェックするよう注意する

耳ダニ

皮膚

強いかゆみで耳をかく行動が見られる

耳にダニ（ウサギキュウセンヒゼンダニ）が寄生する感染症です。ダニはウサギの外耳道にすみつき、皮膚や耳垢、体液などを栄養にして、**約3週間生き続けます**。

感染すると、**耳の皮膚が赤くなり、フケ**が見られます。さらに、強いかゆみから、噛まれた部分をかきむしることで体液（浸出液）が出て、かさぶたになります。傷口に細菌感染を起こすと、患部が赤く腫れることや、炎症が広がって中耳炎になることもあります。

患部をかこうとして、**何度も耳をかく、頭を激しく振る**などの行動が見られたら、耳を調べてみましょう。耳ダニを疑う赤みやかさぶたがあれば、速やかに病院を受診してください。

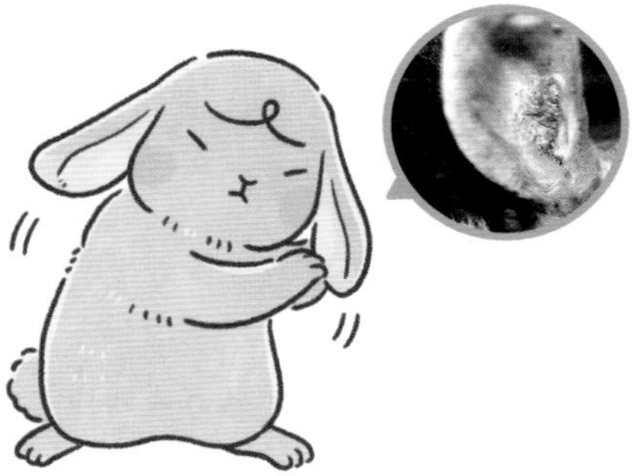

駆虫薬で根気よく治療を続ける

治療として駆虫薬を用います。皮膚に垂らす外用薬や内服薬は、成虫には有効ですが卵には効果がないため、複数回にわたって定期的に治療を継続する必要があります。

既にダニに感染している**ウサギに接触することで感染**します。また、**草むらに生息しているダニもいる**ので、屋外へ散歩に出かけるときは注意しましょう（P.145）。

ダニ感染症はこんな部位にも起こる

毛

- ■**ウサギズツキダニ**…無症状のことが多い。ブラッシングで黒いコショウ粒のようなダニを見つけることも
- ■**ウサギツメダニ**…かゆがる、フケが出る、脱毛、皮膚が赤くなるなど

※人の皮膚にも寄生して、かゆみが出ることも

皮膚

- ■**マダニ**…皮膚が赤くなる、かゆみが現れる

顔（目、鼻周辺）、四肢

- ■**センコウヒゼンダニ**…かゆがる、脱毛、浸出液、かさぶたなどが見られる

コクシジウム症

消化器

コクシジウムが腸や肝臓に寄生する

コクシジウム症はコクシジウムという原虫に感染して起こる病気です。

感染すると、便の中に卵様嚢胞体《のうほうたい》と呼ばれる卵のようなもの（オーシスト）が排出されます。排出されたばかりのオーシストは感染力をもちません。しかし、**1～4日で強い感染力を持つ成熟オーシストになります**。これを口から摂取したウサギの体内に入り、腸や肝臓・胆管に**寄生して増殖**します。

● **腸コクシジウム症**――激しい下痢、食欲不振、おなかが膨らむ、体重減少などが現れます。抵抗力の低い子ウサギでは症状が強く、発育不全や衰弱、死に至ることも。

● **肝コクシジウム症**――主に子ウサギで、発育不全、黄疸、おなかが膨らむ、衰弱などが見られます。

子ウサギの下痢は要注意！

元気がなくて下痢が見られたら、便を持って、すぐに受診しましょう。

大人のウサギは無症状のことも

大人のウサギでは、感染していても無症状のこともあります。しかし、**子ウサギや抵抗力の低下したウサギは、急に衰弱することも**。疑わしい症状があったら、早めに受診しましょう。

受診の際には便を持参します。便中にオーシストがあれば、コクシジウム症と診断されて、抗原虫薬で治療します。同時に、点滴などで全身状態を改善する治療を行います。

ケージの清潔が第一　予防

- □ トイレやケージを毎日掃除して、排泄物を放置しない
- □ スノコや巣箱なども清潔を保つ
- □ 同居のウサギにコクシジウム症を疑う症状が見られたら、症状が出ていないウサギも検査を受ける

子宮腺《せん》がん

生殖器

他疾患の受診で偶然見つかることも

子宮腺がんは**メスウサギの子宮にできるがん**（悪性腫瘍）です。

初期の症状は血尿ですが、全てに現れるわけではありません。ほかの病気や健診で受診した際に、偶然見つかるケースがもっとも多いようです。おなかに硬いしこりが触れる場合もあります。

原因の1つに、**避妊手術を受けていないこと**が挙げられます。妊娠せずに過ごすと、子宮がエストロゲンというホルモンに長期間さらされることになり、子宮腺がんの発症につながるのではないかと考えられています。避妊手術を受けていないと、加齢に伴って、ほかの子宮の病気の発症率も高くなることがわかっています。

症状

血尿に気づいたら受診する

- □ 血尿、陰部からの出血
- □ おなかに硬い物が触れる

進行すると

- □ 元気がない（貧血症状）
- □ 食欲不振
- □ 呼吸困難（肺へ転移した場合）

治療の第一選択は手術

子宮腺がんが見つかったら、**子宮と卵巣を摘出する手術**を行います。

全身状態が悪い、高齢、がんが進行して転移があるなどの場合には、鎮痛薬や栄養補助の点滴などで、できるだけ症状を取り除く治療が行われます。

子宮腺がんは**手術後も転移のリスクがあるため、定期的な検査**が必要です。一般的に6カ月程度変化がなければ、治癒と考えていいでしょう。

ウサギのQ&A

Q その他の子宮疾患は?

「子宮内膜過形成などがあります」

ほかのウサギの子宮疾患として、子宮内膜過形成、子宮水腫などがあります。避妊手術を受けていないウサギに好発します。子宮内膜過形成では、血尿などが見られます。子宮水腫では、おなかが膨れてきて気づきます。

呼吸器

スナッフル

鼻炎症状から始まる

スナッフルは、ウサギが感染する呼吸器疾患の総称で、「**ウサギのかぜ**」ともいえます。進行すると粘度の高い鼻水になり、鼻づまりを起こして息がしにくくなり、重症例では**肺などがおかされて、命にかかわることもあります**。特に子ウサギや、ほかの病気や高齢などで抵抗力が低下している場合に注意が必要です。

主な原因はパスツレラ菌という細菌ですが、**ウサギや犬の約70%、猫はほぼ100%の割合で保菌**しているといわれています。健康なら問題ありませんが、体の抵抗力が低下すると鼻、目、皮膚にも感染します。また、パスツレラ菌は**人間にも感染**しますので、十分な注意が必要です。

症状

かぜ? と思わせる症状

- □ 鼻を何度もフンフンいわせる
- □ 鼻水、鼻づまり
- □ くしゃみ
- □ においがわからない
- □ 前足の毛がごわごわになる（鼻水を拭くため）

進行すると

- □ 粘度の高い鼻汁
- □ 息苦しさ、呼吸困難 など

慢性化させないことが重要

治療では、鼻水を採取して、どんな菌が原因になっているか調べ、原因菌に合った抗菌薬を投与します。ネブライザーという吸入機器で抗菌薬を投与することもあります。

温度・湿度の急激な変化を避ける、ケージを清潔に保つ、症状が出ているウサギに近づけないことが予防につながります。

スナッフルは慢性化することが多い病気です。慢性化を防ぐためには、疑わしい症状が見られたら、早めに受診して治療を受けることが大切です。

ネブライザー吸入療法

専用のボックスに入ったウサギに、霧状にした抗菌薬など必要な薬を投与。痛みもなく、吸入するだけのやさしい治療法です。

結膜炎

目

目やに、目のかゆみが起こる

目のふちが赤い、目やにが出る、涙目、目がかゆい、まぶしそう、目が腫れるなどの症状が見られたら、結膜炎かもしれません。目をかいたり、目やにをぬぐうことで、**前足の毛が汚れてゴワゴワになっていたら要注意**です。細菌感染、外傷（ケージにぶつけた）、異物が入ったなど、さまざまな原因が考えられます。ウサギの結膜炎は、斜《しゃ》頸《けい》や不正咬合など、**ほかの病気を併発しているケースが多い**のも特徴の1つです。

基本的にウサギ同士の感染はありませんが、スナッフルを併発している場合には、くしゃみで菌を飛散させてしまうため、感染リスクが上がります。

自然治癒しても一度は受診

治療には、抗菌薬と症状を抑えるための薬が用いられます。炎症の度合いに合わせて、適切な目薬や飲み薬が処方されます。

ウサギの結膜炎は、数日で自然治癒することもありますが、炎症が長引くと角膜炎などの重篤な病気に進行するケースも少なくありません。また、**原因を特定して改善しないと再発**のおそれがあります。必ず受診して原因を特定しておきましょう。

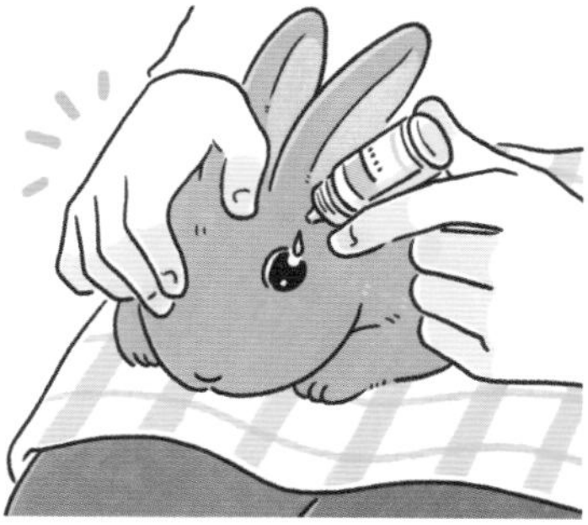

目薬のさし方

目の汚れをとり、上まぶたをやさしく上に引っ張る「逆あっかんべー」で1滴点眼。
容器の先が目に触れないように注意します。

原因を改善することが第一 予防

- ☐ 症状が治まっても、受診して原因を特定する
- ☐ 斜頸や不正咬合など、結膜炎を引き起こす病気があれば、治療する
- ☐ ケージの中の清潔を保つ
- ☐ 細かいくずの出やすいウッドチップなどは避ける（目に異物が入りやすいため）

足の裏

ソアホック（潰瘍性足底皮膚炎）

足の裏への負担が引き起こす

ソアホックはウサギの足の裏の皮膚に起こる病気で、**多くは後ろ足から始まります。**

初期の症状は、足の裏の毛が抜ける、皮膚が赤くなる、硬く分厚くなる、かさぶたができるなどで、**気をつけていないとわからないかもしれません。**

進行すると、皮膚の病変部に細菌が感染して炎症が起こり、潰瘍化します。さらに重症になると炎症が骨に及び、痛みのあまり後ろ足に体重をかけられなくなります。やがて、後ろ足をかばって体重が余計にかかる前足もソアホックを発症し、同じ症状が現れます。

ウサギに肉球はありません。ソアホックはなかなか治らないため、足に負担をかけないことが大切です。

肥満や不適切な床材が原因に

ウサギの足裏には**犬や猫のような肉球がなく、床材の刺激や自分の体重などの負担を受けやすく**なっています。原因として、硬い床材、滑りやすい床材、ケージの床が乾燥していない、肥満、スタンピングが習慣化している、爪が伸びている、などがあげられます。部屋んぽでフローリングの上を歩かせる家庭も多いのですが、**実はフローリングは滑りやすく危険です。**足裏に摩擦が起こるため、火傷のようになってしまうこともあり、そこから感染する可能性もあります。

ソアホックを疑ったら、まず**床材の見直しと、肥満の解消**を行います。進行して炎症が起きている場合には、潰瘍の治療として抗菌薬を用います。

重症化すると治癒までに時間がかかるので、定期的に足裏のチェックを行いましょう。もしも、いつもと違う感覚があったときは、早めに主治医に相談してください。

ウサギのQ&A

Q 市販の軟膏を塗ってもいい？

「何も塗らないのがベスト」

初期の段階なら市販のウサギ用の軟膏で治療したくなりますが、塗った軟膏を取り除こうとなめて、さらに毛が抜けて…という悪循環に陥ることも。床材の見直し、肥満の解消など、原因をなくすことを考えましょう。

エンセファリトゾーン症

全身

ウサギの8割は感染

エンセファリトゾーンの「胞子体《ほうしたい》」に感染して起こるのが、エンセファリトゾーン症です。胞子体は寄生虫で、**ウサギの約8割は感染している**といわれるほど、感染率の高い病気です。主に感染したウサギの尿を介して、経口感染します。妊娠中に母子感染が起こることも珍しくありません。

ほとんどは感染しても**無症状のまま一生を過ごします**が、抵抗力が低下すると、発症してしまいます。

胞子体が体のどの部位で増殖するかで、さまざまな症状が現れます。首が片方に傾いてしまう「斜頸《しゃけい》」、眼球がぐるぐる動く「眼振」、白内障やぶどう膜炎などの目の異常、歩行困難などが起こります。

無症状のまま過ごすためにも、
日頃から体力をつけることが重要です。

抵抗力を維持して健康であることが第一

エンセファリトゾーン症の根治的な治療法はまだ見つかっていません。駆虫薬の効果は100%ではないため、使用について医師の考え方もさまざまです。そのため、**治療の中心は対症療法**になります。たとえば目の炎症には消炎剤を、斜頸から胃腸うっ滞を起こしていれば胃腸薬を用いるなど、症状を軽減する治療を行います。

並行して、よく食べさせて栄養状態を良くし、体の抵抗力を高めて症状を改善することを目指します。これはエンセファリトゾーン症の予防にも共通することです。

エンセファリトゾーン症は発症するとほかの病気の誘因にもなります。残念ながら発症の予兆もほとんどないため、早期発見が難しいのですが、症状が現れたら早めに受診し、抵抗力の向上・維持に努めることが大切です。

斜頸《しゃけい》

首

多くは運動障害を併発する

首が片側に傾いたまま、元に戻らなくなる状態を指します。原因として、次のようなものが考えられます。

● **エンセファリトゾーン症**——エンセファリトゾーンが脳で増殖すると、斜頸が起こります。斜頸のほかに、まっすぐ歩けない、同じところをぐるぐる回る、何もないところで転ぶ、立てなくなって倒れてローリングするなどの異常な行動が見られます。

● **細菌性中耳炎・内耳炎**——パスツレラ菌などに感染して、内耳にある前庭という器官（平衡感覚をつかさどる機能をもつ）が障害されて起こります。

● **外傷**——落下や衝突などの事故で強い衝撃が頸部に加わることで斜頸になることがあります。

まず原因を特定して、抗菌薬やステロイド、駆虫薬などを用いて病気に適した治療を行います。

斜頸は治療に時間がかかり、また再発しやすいため、予防が重要になります。ケージなどの清潔を保ち、ストレスを軽減し、免疫力・体力を高めて、原因菌に感染しても発症しないようにすることがいちばんです。

斜頸のサポートはこうする

斜頸になったウサギは生活に工夫が必要です。発症直後はウサギ自身もパニックになることがあるので、ぶつかってケガをしないようにケージの環境を整えてあげましょう。

介護生活のポイント

- ケージの中に何も置かず、床にはタオルややわらかいマットなどを敷く
- ぶつかりそうなところはタオルなどを巻く
- 食餌をしにくい場合は、ふやかしたラビットフードを与える
- ボトルからは水を飲みにくいのでお皿に入れる
- ローリングがひどい場合は、キャリーで生活させて動きを制御する

避妊・去勢手術

避妊・去勢手術を考える

ウサギの繁殖力は強大

「かわいいうちの子の子ウサギがほしい」と考える飼い主は多いでしょう。しかし、**ウサギは繁殖力が極めて強いため、あっという間に大家族**になってしまいます。

メスは4〜17日の妊娠可能期と、1〜2日の休憩期を常にくり返しているため、季節にかかわらず繁殖できる状態にあります。交尾の刺激で排卵を起こすため、**交尾をすると高確率で妊娠します**。妊娠期間は約1カ月と短く産後はすぐに次の妊娠が可能なうえ、左右に独立した子宮を持っているので、**妊娠中に重ねて妊娠することも**できます。品種によって数は異なりますが、**1回で4〜10匹を妊娠**します。

このように、増えやすいウサギの無計画な繁殖や生殖行動を放置することは、多頭飼育崩壊につながりかねません。妊娠・出産させる前に、「ウサギの家族計画」が必要になります。

メスの避妊、オスの去勢は子ウサギが増えることを防ぐだけでなく、**生殖器系の病気の予防**にもなります。主治医にも相談して、適切な時期に検討してみましょう。

\ 手術はするべき? /

避妊・去勢手術のメリットとデメリット

メリット

- □ 子宮や卵巣、乳腺、精巣にかかわる病気を予防できる
- □ 偽妊娠*を予防できる
- □ 望まない妊娠・出産を防げる
- □ 発情期の問題行動を軽減できる

デメリット

- □ 手術や全身麻酔の合併症のリスクがゼロではない
- □ 術後、多くは食欲低下を起こす（1〜3日程度）
- □ 術後、太りやすくなる
- □ 術後「うっ滞」(P.170)を起こすリスクが高い

避妊・去勢手術データ

いつ?	生後6〜12カ月
費用?	避妊（メス）：5万円前後 去勢（オス）：4万円前後
療養期間?	約1カ月

*偽妊娠：妊娠していないのに妊娠時と同じようなホルモン変化が起こる。自分の毛をむしりとって巣作りを始める、攻撃的になるなどの行動が見られる。

避妊・去勢手術の Q&A

Q 手術は受けないとダメ？

A メスウサギは高確率で子宮系の病気にかかります

メスのウサギは子宮疾患にとてもかかりやすく、4歳で約60%、6歳で約80%もの確率で子宮腺がん（P.174）などの病気にかかるといわれています。また、人間は出産経験があると子宮疾患にかかりにくくなるといわれていますが、ウサギではまだその関連性は証明されていません。

Q どんな手術が行われるの？

A 医師の考えにより異なります

どのような手術を行うかは、医師の考え方によって異なります。
メスの場合、卵巣のみもしくは子宮全体を摘出、オスの場合、精巣を摘出します。日帰りでの手術も行われていますが、数日入院するとより安心でしょう。

Q 手術でおとなしくなる？

A 手術では治りません

攻撃的な行動や問題行動が減るとも聞きますが、少数派です。ホルモンのせいにするのではなく、まずは環境を整備しましょう。もしくは、その子の性格や個性だと受け入れることが大切です。

Q 出産を考えている場合は？

A 出産後に手術を

出産が終わった後、育児が落ち着いた頃に手術を検討しましょう。出産後2～3カ月が目安ですが、主治医とよく相談してください。なお、出産したからといって、子宮疾患にかかる確率が減ることはありません。

Q 手術はハイリスクですか？

A ウサギの扱いに慣れている病院がおすすめ

犬や猫に比べて、ウサギの手術は勝手が異なるところがあります。そのため、ウサギの扱いに慣れている病院で受けると安心でしょう。この20年ほどでウサギに使用できる麻酔薬の種類や量が明確になり、以前に比べると安全に手術を行うことができるようになっています。

Q ペット保険は適応？

A 原則適応外で全額自己負担

避妊・去勢手術は、原則ペット保険の適応外です。ウサギを迎える際の初期費用の一部として考えておきましょう。

Q 手術をしない選択をした場合の注意点は？

A 定期検診を必ず受けさせて

オスメスともに定期検診を必ず受けてください。特にメスウサギの場合は、リスクが高くなる3歳以降、高頻度に定期検診を受けることが求められます。

Q オス1匹だけでも手術は必要？

A 問題行動に困ったときは

オスの場合、去勢手術により精巣腫瘍を防ぐことができますが、罹患率が低いため手術のリスクと天秤にかけた場合、メスほどメリットが大きいとはいえません。オスの場合は、問題行動を軽減するために行われることが多いです。

交尾・妊娠・出産

ウサギを繁殖させるには

ケージ越しのお見合いからスタート

ウサギは生後4カ月くらいから繁殖できるようになりますが、**体がしっかりした6〜12カ月以降が安心**です。多くの動物に発情期がありますが、ウサギにはありません。年中妊娠可能ですが、気温の変動が少なく子育てしやすい、**春や秋など穏やかな季節**がおすすめです。

メスの生殖器は、性成熟するとピンク色になります。オスは性成熟期になるとマーキングやマウンティングをし始め、生殖器からは突起物が現れます。

ウサギ同士にも、もちろん「気が合う・合わない」があります。最初はそれぞれのケージを隣り合わせて置いて様子を見ます。相手のにおいをかぐなど、関心を示す行動が見られたら、どちらか一方をケージから出します。双方が嫌がらないようなら、もう片方も出して、遊ばせてみます。ケンカしてしまったらすぐに引き離し、数日後もう一度トライしましょう。

お見合いから交尾まで

【お見合い】
最初はケージ越し。関心があるようならサークルの中に出して遊ばせます。

【交尾】
メスがお尻を上げ、オスが後ろからメスの上に乗ったら交尾成功。30秒ほどで終わるので見逃すことも。

【引き離し】
交尾後、オスが「キィー」と鳴いて倒れることがありますが、交尾後によくあること。何回か交尾がくり返されることもありますが、長く一緒にいさせるのは避けて、それぞれのケージに戻します。

出産間近になったら隠れて見守る

妊娠すると、水、ペレット、牧草の摂取量が増えるため、こまめに補充してあげましょう。

出産予定日の5〜7日前には、牧草をたくさん蓄える巣作りを始めます。巣箱や巣材（ワラや細い木くず、牧草など）をケージに入れてあげましょう。バスタオルなどでケージをおおい、**巣をのぞき込んだり触ったりしない**ようにします。

ウサギは**基本的に安産**なので、出産時は手を出さずにそっと見守り、異常が見られたらすぐに主治医に相談してください。

出産後は神経が過敏になっているため、子ウサギには触れてはいけません。子育てが落ち着くまではあまり近づかないように心がけ、お母さんウサギの育児を見守ります。出産後、2週間ほど経つまで掃除も控えます。

なお、度重なる妊娠・出産はメスの体に負担をかけます。出産させたら**避妊手術を受けさせることを考えましょう**（P.180）。

妊娠から出産まで	
妊娠初期（〜妊娠2週目）	この期間はあまり変化は現れません。妊娠しているかどうかも不明です。
妊娠中期（妊娠3週目〜）	ようやくおなかが膨らみ、妊娠がわかるようになります。食欲も増してきます。制限せずに食べさせてあげましょう。水もたっぷり与えます。
出産間近（23日〜）	ケージに巣箱や巣材を入れてあげます。巣作りを始めたら、ケージを覆って、見たり触ったりしないようにします。
出産時	出産は手を出さずウサギ任せに。周囲で大きな音を出したりしないように気をつけて、落ち着いて出産できるような環境作りを。出産の最後に胎盤を食べます。
出産後	ウサギの授乳時間はとても短く、お母さんウサギは赤ちゃんのそばにほとんどいませんが、育児放棄ではありません。子ウサギを触りたくてもにおいがついてしまうので我慢。

交尾・妊娠データ

いつ？
オス：生後6カ月前後〜5歳くらいまで
メス：生後6カ月以降〜2歳くらいまで

メスの繁殖周期は？
4〜17日の妊娠可能期と1〜2日の休憩期をくり返す

妊娠期間は？
約1カ月（28〜36日）

分娩にかかる時間は？
1〜5分ごとに生まれ、数時間程度で終了する

⚠ こんなときはすぐ病院へ!!

- □ 出産が半日以上続いている
- □ 出血量が多い（尿のように出ている、出産後1日たっても止まらないなど）
- □ 逆子（後ろ足から出てきている）
- □ 予定日から3日経っても生まれない

シニアウサギの介護

6歳をすぎたらウサギの「高齢期」

ひと昔前は、ウサギの寿命は7、8年といわれていました。しかし、現在ではウサギの研究が進み、医療の進歩や食餌内容の変化で、10年以上生きるウサギも増えており、15歳まで元気に暮らすウサギもいます。

元気に暮らしていたウサギも、**6歳を迎えると高齢期に入ります**。人間と同様に**基本的な機能が衰え**、「食餌のペースが遅くなる」「病気にかかりやすくなる」などの問題が出てきます。毛でおおわれているため見た目の変化は少ないですが、ウサギも確実に老いていきます。人間同様に、年の取り方にはかなり個体差があるものの、**これまでと違う様子を見せたら注意深く観察し**、快適に過ごせるように工夫してあげましょう。

年齢を重ねたウサギに合わせて、ケージ環境の見直し、エサの変更、グルーミングや食餌の介助が必要になります。一緒に暮らすパートナーとして、ウサギが安心して過ごせるようにしっかりサポートしましょう。

ウサギの老化のサイン

こんな様子が見られたら、老化の始まりです。個体差がありますが、6歳を迎える頃にはサインが現れるといいます。

- 食餌量が減った
- ウトウト・ぼんやりが増えた
- 動きが鈍くなってきた
- ジャンプすることが少なくなってきた
- 毛が乱れている・グルーミングをしない
- 物音への反応が鈍い（聴覚の衰え）
- 軟便が増えてきた
- 筋肉が落ちた・体重が減ってきた

高齢ウサギに必要なサポート

　高齢ウサギのサポートで気をつけたいのは、**ストレス過多にならないように配慮すること**です。

　ウサギが高齢期に入ったら、食餌内容やケージ内のレイアウトを中心に、生活全般の見直しが必要になります。しかし、ウサギは本来警戒心が強い動物ですので、突然、環境を大きく変えることはストレスになります。**様子を見ながら、徐々に進めるとよいでしょう。**適温・適度な湿度を保ち、静かに落ち着いて毎日が送れるようにしてあげます。

　体を頻繁に触ったり、固定することが多いサポートは、ウサギに過度なストレスを与えることになります。**全てのお世話を短時間で素早く**できるように練習することも大切です。

ウサギの健康長寿を延ばすためのポイント

□ 体重管理で肥満予防

活動量が低下することで太りやすくなります。これまでのラビットフードではカロリーが高すぎる場合もあるので、給餌量を減らすなど検討しましょう。さらに、1週間に2〜3回の体重チェックが理想。

□ ケガに注意

特に注意したいのは高い所からの落下。これまで平気だったケージ内の段差も要注意です。また、抱っこのときに足をひねったり落としたりしないように、十分気をつけましょう。

□ ストレスを与えない

これまで以上に、室温と湿度を気にかけて、寒暖差で体にストレスを与えないように気をつけましょう。大きな音にびっくりしたり、ドキドキさせたりしないように、できるだけ、静かな環境にしてあげましょう。

□ 神経質になりすぎない

自分が加齢で弱ってきていることを、ウサギは周囲に知られたくないと思っているため、かまいすぎはNG。あまり神経質にならずに、自然にサポートしてあげましょう。

□ 5歳をすぎたら定期的な健康診断を

半年に1回は健康チェックを受けましょう。早期発見・早期治療は長生きの秘訣です。

グルーミングの介助はこうする

　負担にならないように気をつけながら、全身をブラッシング。汚れが目立つところや、盲腸便などで汚れているところは、乾燥させてからスリッカーブラシで落としたり、汚れがひどい場合は、ハサミで被毛をカットします。また、皮膚に近い場所が汚れてしまった場合は、固く絞った手ぬぐいやコットン、ウサギ用のウエットシート（ノンアルコール）でやさしく拭き取り、その後、しっかり乾かします。食餌や排泄がうまくできなくなってきたら、口やお尻周りをこまめにケアしましょう。

　嫌がるときは無理強いしないようにします。

部屋の作り直し

住環境のバリアフリー化を進める

ウサギの運動量が減ってくると、**ケージ内の環境が安全で清潔**であることは、よりいっそう重要になります。

ケージ内に段差があると、足腰の弱ったウサギには負担になり、思わぬケガを招きます。若いときにはロフトやトンネルの上がお気に入りで定位置だったとしても、高齢になると上り下りのときにつまずいて転落してしまい、骨折や脱臼などのケガのリスクが高まります。

とはいえ、定位置をいきなりなくすとかわいそうですから、スロープをつける、低い位置に変えるなど、**ウサギのストレスにならないように徐々にバリアフリー化**を進めてあげましょう。

エサ入れや給水器、トイレの位置、出入り口、寝床なども見直して、シニアウサギにやさしい住環境を整えてあげましょう。

ウサギ用品の見直しポイント		
トイレ	エサ入れ・給水器	床材
トイレの失敗が続くようになったら、トイレに行きやすくする工夫を。段差を取り除く、トイレを低い位置に設置するなど、トイレでスムーズに用を足せるようにしてあげるとよいでしょう。	高齢になると、姿勢を保つことが難しくなることも。食べづらさ・飲みづらさがあるようなら、エサ入れを低い位置に置く、フチが低い物にする、給水器を受け皿式に替えるなどの工夫を。皿はひっくり返らない物を選びます。また、エサ入れや給水器を排泄物で汚すこともあるので、チェックを欠かさないようにします。	運動量が減って、ケージ内で寝ていることが増えてきます。床が汚れているとおなかや足裏も汚れてしまいます。こまめに掃除して、これまで以上に清潔に保つようにします。 床材の上にやわらかいクッションやワラ座布団、牧草を敷くことで、足への負担を軽減し、おなかが擦れることを防ぎます。 寝たきりになったら、タオルやU字クッションなどを使って、体重を分散させて床擦れを軽減します。

給水器は受け皿式がおすすめ

シニアウサギのための住環境

□広めのケージで、体をゆったり伸ばせるようにする
□適温・適湿を保つ　□いつも清潔に

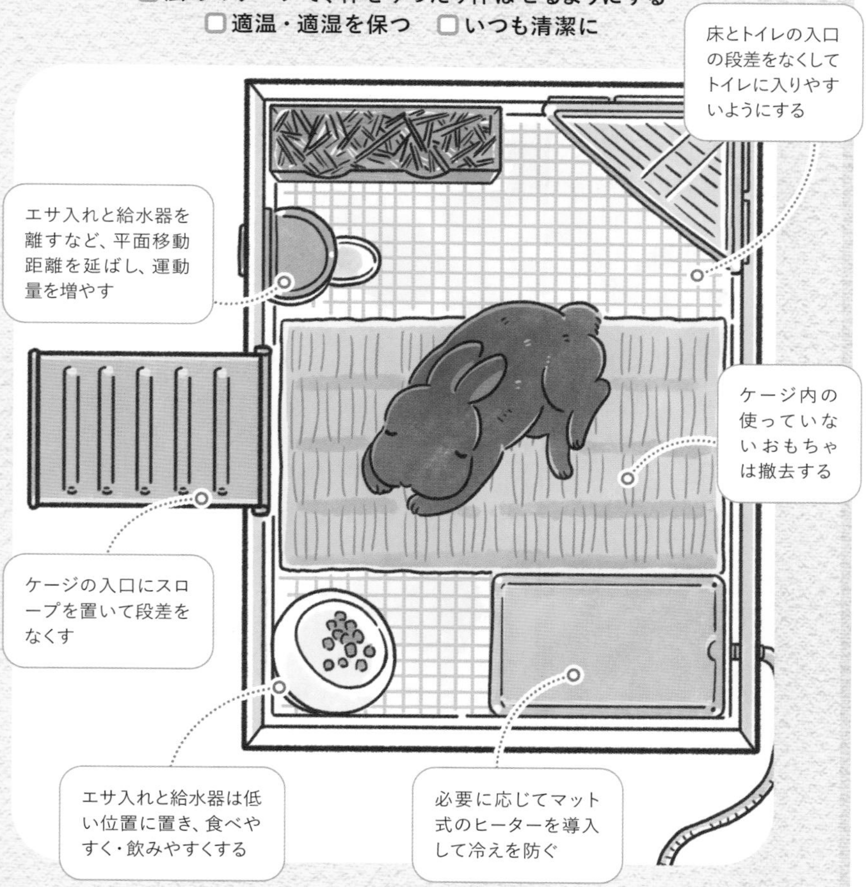

床とトイレの入口の段差をなくしてトイレに入りやすいようにする
エサ入れと給水器を離すなど、平面移動距離を延ばし、運動量を増やす
ケージ内の使っていないおもちゃは撤去する
ケージの入口にスロープを置いて段差をなくす
エサ入れと給水器は低い位置に置き、食べやすく・飲みやすくする
必要に応じてマット式のヒーターを導入して冷えを防ぐ

トイレの介助はこうする

ウサギは「盲腸便」を食べる習性があります（P.45 P.90）。盲腸便はよく見るコロコロのフンとは違うものです。食べたものを腸内で発酵させた盲腸便からの栄養摂取は、ウサギの健康維持に欠かせません。

通常はお尻に口をつけて直接食べるのですが、高齢になるとそれがうまくできなくなってしまいます。排便して乾いたものは口にしないので、排泄後間もない盲腸便を見つけたら口元に持っていき、すぐに食べさせてあげてください。

食餌の変化

体重の増減に合わせて給餌量を調整

ウサギは加齢とともに、**必要なカロリー摂取量が減るため、食餌量は減っていきます。**運動量が減る、基礎代謝が落ちる、消化器系の機能低下が原因であると考えられています。

また、運動量が減ってくると、**これまでのペレットではカロリーが高すぎる**場合があります。**肥満になると病気のリスク**が高まりますので、定期的な体重測定を心がけ、食餌量、体重の増減などを観察して、給餌量を調整するようにしてあげてください。

もしも、牧草の摂取量が減ってきたら、**硬い牧草からやわらかいものに変える**ようにしましょう。ただし、牧草によっては高カロリーなものがあるので、与える量には注意が必要です。

シニアウサギの食餌の工夫

□ 運動量が減って体重が増えてきた

今のペレットではカロリーが高すぎるのかも。給餌量を減らすなど、体重を見ながら調整してみる。

□ 牧草の摂食量が減ってきた

硬い牧草が食べにくいのかも。やわらかい牧草に変更、もしくは牧草を細かく刻んでみる。

□ 食が細くなって体重が減ってきた

ウサギが好むペレットを見つけて、体重を維持できる量まで食べるか試す。おやつや野菜だけで体重を増やそうとすると、下痢などをすることがある。

□ 横になっている時間が長くなり体重が減ってきた

食餌の介助が必要になってきたサイン。口元に運んだり、強制給餌などを検討。

COLUMN

若い頃からいろんな食べ物にチャレンジ

警戒心の強いウサギは、新しい食べ物に強い拒否反応を示すことがあります。そのため、シニアになって食が細くなり、なんとか食べてもらおうといろいろ試しても口をつけてくれないことも。高齢期に幅広い食べ物からしっかり栄養が摂れるように、若い頃からペレットや牧草を中心に、いろんな食べ物を食べさせておくことも大切です。とはいえ、太りすぎはよくないので、適切な体重管理のもとで食餌を工夫するとよいでしょう。

食餌の介助が必要なとき

ウサギに起き上がる体力がある間は、いつも食べている通常のフードを口元に運んで介助します。しかし、通常食の摂取が難しくなったら、**フードをお湯でふやかして与えてください**。ふやかしたままの形では食べてくれないようなら、だんご状にしてみましょう。果汁100%のリンゴジュースなどを混ぜると食欲が増すこともあります。

自力で食べることが難しくなってきたら、流動食をシリンジ（針の付いていない注射器）で与えます。流動食はいつも食べているフードをふやかして作ります。ウサギの状態や食べ具合によって、水分量を調整してみてください。

水分量の多いフードを食べるようになると、給水器からの飲水量は減りますが、**水分不足になりがちです**。受け皿式の給水器から、水分を補給できるようにしてあげます。

ペレットだんご食の作り方

1. フードを器に入れ、お湯を少しずつ加えながらふやかす。ある程度やわらかくなったら水を加え、温度調節をする。100%果汁のリンゴジュースを混ぜてもよい
   ※介護用の粉末フードを使ってもOK
2. 人肌くらいに冷めたら、手のひらの上で転がして、食べやすい大きさ（1cm角程度が目安）のだんご状にする
   ※先のとがった三角錐にすると先っぽから食べたりします。
3. 1日に食べる量を作って、様子を見ながら与える。毎日作って、作り置きはしない

シリンジでの与え方

うつぶせのままウサギを固定します。やさしく口を開けて前歯の横からシリンジを差し込みます。口元がわかりにくければ、少し頭をあげてみてください。差し込めたら少しずつ口に注入し、もぐもぐして飲み込んだのを確認してから、2口目を注入します。一度に大量に入れたり、飲み込む前に次を入れたりすると、誤って気管支に入る恐れもありますので、落ち着いて慎重に行います。

ウサギのQ&A

Q シニアになったらやわらかいペレットを与えるべき？

「年齢だけで判断はNG」

6歳をすぎればシニアウサギの仲間入りですが、人間同様に個体差がかなりあります。自力でペレットを摂取できなくなれば食餌の工夫が必要ですが、まだ健康なのに年齢だけでやわらかいエサに変えてしまう必要はありません。エサを食べられない、あきらかに痩せてきたなどの変化がなければ、通常のエサを与えるようにしましょう。

看取りと旅立ち

心を込めて看取り、見送る

家族の一員であるウサギを見送ることは、あまりにも悲しいできごとです。**どれだけかわいがってお世話をし尽くしたとしても、けっして満足することはなく、後悔がつきまといます**。

ウサギは突然死することも多く、旅立ちの瞬間に立ち会えるケースはあまり多くありません。そんな場合でも、「しっかり見送った」「一緒に暮らせて幸せだった」と思えるように、日頃から可能な限り時間を作って一緒に過ごしましょう。

幸いにして旅立ちに立ち会えた場合には、心を込めて看取り、最高の状態で送り出してあげましょう。見送ることは、ウサギが亡くなったことを受け入れて、**飼い主さんが次に進むために必要なプロセス**でもあります。ペットロス症候群にならないためにも、しっかりお見送りしてください。

最期を迎えるまで、可能な限り一緒に過ごす時間を作りましょう。話しかけたり、触れたり、その子が好きだったことをしてあげたりすることで、ウサギは安心感を持って最期の時間を過ごすことができます。

最期を迎える場所は、快適に過ごせる環境を整えましょう。お気に入りの場所で、好きなおもちゃなどを用意してあげましょう。

最期の瞬間も、話しかけて、なでてあげてください。飼い主さんの声を聞いてぬくもりを感じることで、ウサギは安心して旅立てます。

旅立った後、かわいいウサギの手触りや重さを忘れないためにも、最後にもう一度なでて声をかけ、抱きしめてあげてください。

お別れを受け入れて次に進む

大切なウサギを亡くした喪失感は想像するより深く、**ペットロス症候群になる人も少なくありません。**何カ月も食欲不振、気分の落ち込み、意欲低下、睡眠障害、倦怠感などが続くようであれば、医療機関を受診することをおすすめします。プロの手を借りて悲しみを乗り越えることは、けっして恥ずかしいことではありません。

喪失の悲しみを乗り越えるために、ウサギの死にきちんと向き合い、**しばらくは悲しさや怒り、苦痛、後悔などを十分に体験しましょう。**この体験が次に進むステップになります。苦しい気持ちを周囲の人に話したり、家族で思っていることを話し合ったりすると、気持ちが軽くなることもあります。

苦しい時期がすぎたら、ウサギの死という事実を受け入れ、楽しいことも悲しいことも、**幸せな気持ちで思い出せるようになれるはずです。**

お別れのサインとは

ウサギの最期が近づくと、次のような症状が現れます。

- ■食べ物も飲み物も受け付けなくなる
- ■血圧が下がる
- ■頭が下がってくる
- ■呼吸が不規則になる
- ■意識がなくなる

お別れの方法

ペット葬

手厚く見送りたいときには、ペット葬が一般的です。個別火葬と合同火葬があり、お墓も個別のもの、共同墓地、納骨堂に安置、自宅に安置などさまざまなスタイルがあります。

庭など、自宅の敷地内に埋葬

火葬せずに埋葬する場合は、ほかの動物に掘り返されないように、深めの穴（1m以上）を掘って紙の箱に入れるか布でくるんで埋葬します。

自治体に処理を頼む

自治体によって方法はいろいろです。お住まいの市区町村のwebサイトなどで確認しましょう。

著　者　〔一般社団法人うさぎの環境エンリッチメント協会〕

入交眞巳　獣医師、学術博士（PhD）、米国獣医行動学専門医（ACVB）
専門：動物行動学、動物福祉学

斉藤将之　獣医師、斉藤動物病院 院長
専門：臨床獣医学

橋爪宏幸　うさぎの情報サイト「うさぎタイムズ」編集長
うさぎ専門店ラビット・リンク オーナー

〔香川大学〕
川崎浄教　農学博士、香川大学農学部 准教授
専門：動物栄養学

〔一般社団法人うさぎの環境エンリッチメント協会〕　https://rabbit-enrichment.or.jp/
〔うさぎタイムズ〕　https://www.ferret-link.com/usagitimes/

本文デザイン　松田剛、猿渡直美、大矢佳喜子（東京100ミリバールスタジオ）
マンガ・イラスト　フクイサチヨ
撮影　尾島翔太
校正　くすのき舎
執筆協力　青木信子、別所文
編集協力　養田桃（株式会社フロンテア）
編集担当　横山美穂（ナツメ出版企画株式会社）

写真協力　石橋絵
株式会社うさぎと暮らす
PIXTA（ピクスタ）

本書に関するお問い合わせは、書名・発行日・該当ページを明記の上、下記のいずれかの方法にてお送りください。電話でのお問い合わせはお受けしておりません。
・ナツメ社 web サイトの問い合わせフォーム
https://www.natsume.co.jp/contact
・FAX（03-3291-1305）
・郵送（下記、ナツメ出版企画株式会社宛て）
なお、回答までに日にちをいただく場合があります。正誤のお問い合わせ以外の書籍内容に関する解説・個別の相談は行っておりません。あらかじめご了承ください。

専門家《せんもんか》がやさしく教《おし》える
幸《しあわ》せなうさぎとの暮《く》らし方《かた》

2023年8月8日　初版発行

著　者　**入交眞巳**《いりまじり まみ》　©Irimajiri Mami,2023
斉藤将之《さいとうまさゆき》　©Saito Masayuki,2023
橋爪宏幸《はしづめひろゆき》　©Hashizume Hiroyuki,2023
川崎浄教《かわさききよのり》　©Kawasaki Kiyonori,2023

発行者　**田村正隆**

発行所　**株式会社ナツメ社**
東京都千代田区神田神保町1-52ナツメ社ビル1F（〒101-0051）
電話　03（3291）1257（代表）　FAX　03（3291）5761
振替　00130-1-58661

制　作　**ナツメ出版企画株式会社**
東京都千代田区神田神保町1-52ナツメ社ビル3F（〒101- 0051）
電話　03（3295）3921（代表）

印刷所　**ラン印刷社**

ISBN978-4-8163-7422-7　Printed in Japan
（定価はカバーに表示してあります）（落丁・乱丁本はお取り替えします）